T0128081

essentials

Essentials liefern aktuelles Wissen in konzentrierter Form. Die Essenz dessen, worauf es als „State-of-the-Art" in der gegenwärtigen Fachdiskussion oder in der Praxis ankommt. *Essentials* informieren schnell, unkompliziert und verständlich

- als Einführung in ein aktuelles Thema aus Ihrem Fachgebiet
- als Einstieg in ein für Sie noch unbekanntes Themenfeld
- als Einblick, um zum Thema mitreden zu können

Die Bücher in elektronischer und gedruckter Form bringen das Fachwissen von Springerautor*innen kompakt zur Darstellung. Sie sind besonders für die Nutzung als eBook auf Tablet-PCs, eBook-Readern und Smartphones geeignet. *Essentials* sind Wissensbausteine aus den Wirtschafts-, Sozial- und Geisteswissenschaften, aus Technik und Naturwissenschaften sowie aus Medizin, Psychologie und Gesundheitsberufen. Von renommierten Autor*innen aller Springer-Verlagsmarken.

Patric U. B. Vogel · Jennifer Borrelli

Identifizierung von Bakterien

Grundlagen sowie Stärken und Schwächen von klassischen und modernen Methoden

 Springer

Patric U. B. Vogel
Cuxhaven, Deutschland

Jennifer Borrelli
Hamburg, Deutschland

ISSN 2197-6708 ISSN 2197-6716 (electronic)
essentials
ISBN 978-3-662-68770-3 ISBN 978-3-662-68771-0 (eBook)
https://doi.org/10.1007/978-3-662-68771-0

Die Deutsche Nationalbibliothek verzeichnet diese Publikation in der Deutschen Nationalbibliografie; detaillierte bibliografische Daten sind im Internet über http://dnb.d-nb.de abrufbar.

Planung/Lektorat: Stefanie Wolf
Springer ist ein Imprint der eingetragenen Gesellschaft Springer-Verlag GmbH, DE und ist ein Teil von Springer Nature.
Die Anschrift der Gesellschaft ist: Heidelberger Platz 3, 14197 Berlin, Germany

Das Papier dieses Produkts ist recyclebar.

Was Sie in diesem *essential* finden können

- Eine Übersicht über den Aufbau und Eigenschaften von Bakterien
- Beispiele für wichtige Bakterienarten
- Eine Darstellung des Prinzips der Vermehrung und Isolierung von Bakterien
- Eine Übersicht über die Identifizierung mit klassischen Nachweisverfahren
- Ein Beispiel für sog. Schnelltests inklusive Stärken und Schwächen
- Eine Darstellung des Prinzips von modernen Methoden wie PCR, LAMP, Sequenzierung und MALDI-TOF MS

Inhaltsverzeichnis

Bakterien – Aufbau und Eigenschaften 1

Der Begriff **Organismen** umfasst sehr vielfältige Gruppen, die sich in ihrer Größe, ihrem Aufbau, ihrer Lebensweise und ihren biologischen/biochemischen Leistungen deutlich voneinander unterscheiden. Sie reichen von kleinsten einzelligen Lebensformen, die mit dem menschlichen Auge nicht sichtbar sind, bis hin zu großen, multizellulären Organismen wie den Säugetieren. Zu den kleinsten Organismen, den **Mikroorganismen,** werden allgemein Viren, **Bakterien,** Pilze und eukaryotische Einzeller (pflanzlich und tierisch) gezählt, wobei Viren keine „echte" Lebensform darstellen, da ihnen wesentliche Merkmale (z. B. Stoffwechsel, eigenständige Vermehrung) fehlen. Die Bakterien, um die es in diesem Essential geht, unterscheiden sich wiederum von den einzelligen Hefen, den pflanzlichen Einzellern (z. B. Phytoplankton oder Mikroalgen) und tierischen Einzellern (z. B. Amöben oder Malaria-Parasiten).

Lebewesen werden in drei Domänen unterteilt, wobei zwei Domänen von den **Bakterien** gebildet werden, den **Archaea** und den **Eubakterien.** Beide zählen zu den Prokaryoten (altgriechisch pro = vor und karyon = Kern), da sie keinen von Membranen umgebenen Zellkern besitzen. Die bekanntesten Archaea sind Bakterien, die an seltenen Plätzen (z. B. heißen Schlammquellen) gefunden werden und sich an ein Leben unter **Extrembedingungen** (sog. extremophil) angepasst haben. Die Archaea sind aber verbreiteter als früher gedacht und kommen auch in der Umwelt vor, sind aber nicht als Pathogene bekannt (Eme und Doolittle 2015). Die Gruppe der Eubakterien ist für dieses Essential interessant, da sich in dieser Gruppe all die Bakterien finden, die in der Umwelt (im Boden, im Wasser, in der Luft, auf Oberflächen, in Nahrungsmitteln, usw.) vorkommen bzw. auf oder in unserem Körper leben und Mensch und Tier auch teilweise krank machen können. Obwohl Bakterien von uns gewöhnlich nicht wahrgenommen

© Der/die Autor(en), exklusiv lizenziert an Springer-Verlag GmbH, DE, ein Teil von Springer Nature 2024
P. U. B. Vogel und J. Borrelli, *Identifizierung von Bakterien*, essentials,
https://doi.org/10.1007/978-3-662-68771-0_1

werden, machen sie mit ca. 70 Gigatonnen Kohlenstoff (Gigatonne = eine Milliarde Tonnen) 15 % der **Biomasse** unseres Planeten aus (Pflanzenforschung.de 2018).

Während wir **Bakterien** hauptsächlich negativ assoziieren, da einige uns krank machen oder Nahrungsmittel verderben, erfüllen die meisten Bakterienarten in **Ökosystemen** wichtige Aufgaben. Sie vertilgen große Menge abgestorbener Algen im Meer, setzen verschiedene Metabolite oder chemische Elemente wie Phosphat oder Eisen aus dem Boden frei, unterstützen uns und Tiere bei der Verdauung von Nahrung und verhindern die Ansiedlung von Krankheitserregern. Daneben werden Bakterien in vielen industriellen Bereichen genutzt, als biologische Arzneimittel wie Impfstoffe, bei der Herstellung von **Antibiotika,** als probiotische Kulturen in Joghurts, bei der Weinerzeugung oder als **Biozide** in unseren Gartenteichen, um die starke Mückenvermehrung zu verhindern.

Es sind derzeit mehrere tausend verschiedene **Bakterienarten** beschrieben, allerdings gibt es vermutlich noch hunderttausende unbekannte Arten. In der Systematik der **Bakterien,** die auf Verwandtschaftsverhältnissen von gemeinsamen Vorfahren basiert, werden verschiedene Ebenen unterschieden. Diese Verwandschaftsbeziehungen wurden vor dem Zeitalter der **Molekularbiologie** auf Basis des **Phänotyps,** also sichtbar messbaren/bewertbaren Eigenschaften klassifiziert, werden durch molekularbiologische Analysen aber bis heute noch verändert bzw. neu eingeteilt. Die Einteilung erfolgt in Ordnungen, Familien und Gattungen, deren Vertreter sich aufgrund der gemeinsamen Vorgeschichte in vielen Aspekten ähneln. Die unterste Stufe stellt eine Bakterienart bzw. -unterart dar bzw. **Serotypen** oder **Serovare.** Sofern bspw. zwei Isolate einer Bakterienart ein sehr ähnliches **Genom** besitzen, könnten sich diese Isolate trotzdem leicht, z. B. durch eine unterschiedliche Aminosäuresequenz oder Struktur einzelner Proteine unterscheiden. Dieser Unterschied zwischen den antigenen Eigenschaften der Bakterien kann in einigen Fällen mittels **Antikörper** festgestellt werden, wodurch Serotypen unterschieden werden können.

Die Bandbreite geht bis hin zu tausenden Serotypen. Salmonellen sind ein Beispiel, bei denen nur zwei Arten (*Salmonella enterica* und *Salmonella bongori*) (CDC 2022), aber über 2500 Serovare (derzeit bekannt, es gibt noch mehr) existieren, bei denen die Zusammensetzung ihrer spezifischen **Oberflächenantigene** variiert und nach dem sog. **White-Kauffmann-Le Minor-Schema** klassifiziert werden (Issenhuth-Jeanjean et al. 2014). Dieses Schema wird bestimmt durch Vermischung von Antiseren mit der Bakterienkultur und visualisiert durch einfache Verklumpung auf einem Objektträger, ausgelöst durch die Bindung der Bakterienantigene mit den Antikörpern der Antiseren.

Der Name eines **Bakteriums** besteht aus der Gattung (z. B. *Escherichia*) und der Art (z. B. *coli*), bei Vorliegen von Unterarten oder **Serovaren** noch durch spezifische Namen ergänzt (z. B. *Salmonella enterica* subsp. *enterica* Serovar Heidelberg). Wissenschaftlich werden nur die Gattung und Art kursiv geschrieben werden, nicht die Serovar-Bezeichnung (CDC 2022). Häufig findet man auch verkürzte Namen, die den Schein erwecken, eine eigene Art darzustellen, wie z. B. *Salmonella* Typhi, den Erreger der Infektionskrankheit **Typhus.** Dabei werden lediglich Teile des wissenschaftlichen Namens weggelassen, der vollständige Name lautet *Salmonella enterica* subsp. *enterica* Serovar Typhi.

Innerhalb der Gattungen (trifft auch auf Gruppen in höheren Ebenen zu) können sich die einzelnen Arten durch eine allmähliche Adaption an unterschiedliche Mikroumgebungen und -bedingungen in bestimmten Aspekten unterscheiden. Dieser Prozess wird **divergente Evolution** genannt. Ein Paradebeispiel hierfür sind bestimmte **Bakterien** der Gattung *Yersinia.* Es gibt in dieser Gattung drei pathogene Arten, *Yersinia enterocolitica, Y. pseudotuberculosis* und *Y. pestis,* wobei die beiden letzteren genetisch eng miteinander verwandt sind (Dekker und Frank 2015). Während die evolutionsgenetisch ältere Art, *Yersinia pseudotuberculosis,* damals wie heute häufig im verschmutzten Abwasser und Lebensmitteln vorkommt, und vereinzelt Magen-Darm-Erkrankungen auslösen kann, hat sich die andere Art, **Yersinia pestis,** vor mehreren tausend Jahren von *Y. pseudotuberculosis* abgespalten und durch diverse genetische Veränderungen (u. a. Genmutationen und durch Aufnahme von Plasmiden) an die Übertragung durch Flöhe und die Vermehrung im Blut von einigen Säugetieren inkl. des Menschen spezialisiert. Durch diese genetischen Veränderungen entstand eine der gefährlichsten Infektionskrankheiten in der Menschheitsgeschichte, die **Pest,** die über Jahrhunderte die Menschen in Angst und Schrecken versetzte (Schaub und Vogel 2023).

Bakterien unterscheiden sich von typischen sog. **eukaryotischen Zellen** (alle Zellen, die einen Zellkern besitzen, z. B. unsere Körperzellen) in verschiedenen Aspekten. Während die eukaryotische Zelle nur von einer **Plasmamembran** (zweilagige Schicht aus Lipiden mit Proteinen) umgeben ist und diverse spezialisierte Einheiten enthält, sog. Organellen, die bestimmte Funktionen (z. B. Energieerzeugung, Synthese von Biomolekülen etc.) erfüllen, ist die bakterielle Zelle weniger komplex. Eine typische Bakterienzelle ist von einer oder zwei Plasmamembranen sowie einer formgebenden **Zellwand** umgeben, die bei tierischen Zellen nicht vorkommt. Im Inneren der Bakterienzelle gibt es keine spezialisierten membranumgebenen Organellen. Das **Genom,** das sich bei eukaryotischen Zellen im Zellkern befindet, liegt bei Bakterien als zirkuläres genetisches Element frei im Inneren (bzw. an die Zellwand angeheftet) der Zelle, die von dem Zytoplasma

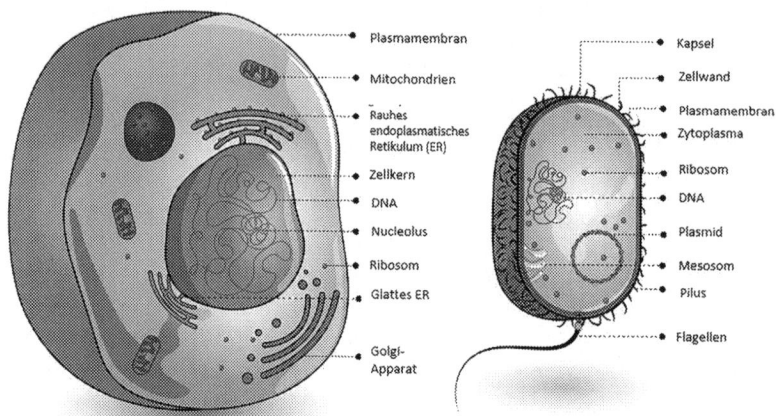

Abb. 1.1 Vergleich des Aufbaus von Bakterien (Prokaryoten) und eukaryotischen Zellen. (Quelle: Adobe Stock, Dateinr.: 385967560, modifiziert), nicht maßstabsgetreu

gefüllt ist. Es können auch weitere genetische Elemente, sog. **Plasmide,** vorhanden sein (Abb. 1.1). Diese sind sich selbst vermehrende genetische Einheiten, über die Bakterien z. B. Gene austauschen können, die unter bestimmten Bedingungen einen Überlebensvorteil mitbringen. Ein Beispiel sind Genprodukte, die eine Resistenz gegenüber **Antibiotika** vermitteln (Garcillán-Barcia et al. 2023).

Bakterien sind deutlich kleiner als eukaryotische Zellen. Das klassische Darmbakterium *Escherichia coli* ist ca. 3 µm lang. Dagegen sind tierische Zellen bis zu 50 µm groß (Tab. 1.1), wobei bestimmte spezialisierte Körperzellen noch deutlich größer ausfallen können. Die Größe (ca. 50 µm, d. h. ein zwanzigstel Millimeter) liegt ungefähr in einem Bereich, den man unter optimalen Bedingungen (Licht, Hintergrund) optisch mit dem Auge theoretisch gerade noch wahrnehmen kann, wohingegen Bakterienzellen so klein sind, dass ein **Lichtmikroskop** mit einer starken Vergrößerung notwendig ist. Bei maximaler Vergrößerung (1000x) können mit dem Lichtmikroskop Strukturen, die ca. 0,2 µm entfernt sind, auseinandergehalten werden. Bakterien, die nur wenige Mikrometer groß sind, lassen sich deshalb z. B. mit einer 1000x Vergrößerung lichtmikroskopisch gut erkennen. Dabei treten verschiedene äußere Formen auf. In den meisten Fällen sind Bakterien entweder rund **(Kokken),** stäbchenförmig **(Stäbchen)** oder spiralförmig (sog. **Spirochäten).**

Bakterien vermehren sich überwiegend durch **Zweiteilung.** Dabei wird zunächst das **Genom** verdoppelt und die Zellen vergrößern sich. Nach Trennung

Tab. 1.1 Teilungsgeschwindigkeiten und ungefähre Größe von verschiedenen Zelltypen

Art/Gruppe/Zelltyp	Generationszeit (Verdopplungszeit) unter optimalen Bedingungen	Größe (Länge bzw. Durchmesser)
E. coli	20–30 min	3 μm
Salmonella	40 min	5 μm
Streptococcen	20–60 min	Durchmesser 0,5–2 μm
Pflanzliche Zelle	18–20 h	50–100 μm
Eukaryotische Zelle (Mensch)	ca. 24 h	5–50 μm

der Genome bildet sich eine Trennwand. Der Bereich zwischen den Zellen wird abgeschnürt, sodass beide Zellen bei Teilung eine intakte Zellschicht besitzen. Während in den meisten Fällen zwei gleiche **Tochterzellen** entstehen, gibt es auch Fälle, in denen sich kleinere Töchter von der Mutterzelle bilden. Interessanterweise gibt es unterschiedliche Mechanismen, von Bakterien, die die Zellwand über die Zellmitte neu bilden bis zu Bakterien, die nur an den Zellpolen neues Zellwandmaterial einbauen (Baranowski et al. 2019). Die Bakterien trennen sich je nach Bedingung gänzlich oder bleiben lose als **Zellcluster** miteinander verbunden, können dabei auch lange Gebilde formen, die an Perlenketten erinnern, wie z. B. bei **Streptococcen** (für alle Gattungs- und Artnamen wird in der Folge die englische Schreibweise mit dem Buchstaben c gewählt).

Ein wesentlicher Unterschied zwischen Bakterien und **eukaryotischen Zellen** ist ihre Teilungsgeschwindigkeit, auch **Generationszeit** genannt. Unter optimalen Bedingungen können sich einige Bakterien in 20 min vermehren. Eukaryotische Zellen sind im Vergleich hierzu eher „träge" und benötigen ca. 1 Tag, um sich zu teilen (Cooper 2000) (Tab. 1.1). Der Grund ist, dass die zellulären Prozesse inklusive **Mitose,** also der Aufteilung der verdoppelten **Chromosomen** und Bildung zweier Zellkerne sowie die anschließende Trennung der Zellen wesentlich komplexer ist. Einzelne Bakterienzellen können innerhalb von nur einem Tag große Kolonien bilden, die mit dem bloßen Auge erkennbar sind. Dazu sind ca. 10^6 = 1 Million Zellen pro Kolonie notwendig. In einer Kolonie sind aber nicht selten deutlich mehr, z. B. im Bereich 10^9 = 1 Milliarde Zellen (Mashimo et al. 2004; Fung 2009), bis hin zu theoretisch 10^{12} (eine Billion Zellen).

Es mag schier unvorstellbar klingen, dass aus einer **Bakterienzelle** nach einem Tag eine solch riesige Anzahl von Zellen entstehen soll, ist aber möglich, sofern sich ein Bakterium alle 30 min teilt (siehe Tab. 1.1) (2 → 4 → 8 → 16 →

32 usw.), können in 24 h theoretisch bei 2^{48} Teilungen $= 2^{14}$ Zellen (entspricht 200 Billionen Zellen) entstehen. Die Vermehrungsgeschwindigkeit aller Zellen variiert aber in Abhängigkeit von Faktoren wie Nährstoffangebot, Zelldichte, Hemmfaktoren wie Abbauprodukte, Bewegung, Temperatur etc. Im Labor ist auch die Inkubationstemperatur von Agarplatten wichtig. Die meisten Bakterien sind sog. **mesophil** und können sich bei Temperaturen von 20–45 °C vermehren. Die schnelle Teilungsgeschwindigkeit von Bakterien macht man sich auch bei Techniken zur **Identifizierung** zunutze, da in vielen Fällen die Bakterien im Labor für den Nachweis erst vermehrt werden müssen.

Für diese Vermehrung im Labor kommen häufig **unspezifische Nährmedien** in Form von sog. Agarplatten zum Einsatz, die das Wachstum eines breiten Spektrums von **Bakterien** ermöglichen. Durch Zugabe des Agars geliert das Nährmedium nach Gießen in eine Petrischale beim Abkühlen (ähnliche Konsistenz wie Gelee oder Konfitüre). Die Kolonien unterscheiden sich je nach Art in der Größe, der Form (z. B. konkav vs. konvex vs. uneben, rund vs. fransenartig), aber auch in der Farbe und teilweise im Geruch. Neben der Bildung diskreter Kolonien, gibt es auch sog. Schwärmer, die mithilfe von **Geißeln** beweglich sind und auf der Oberfläche des Nährmediums „ausschwärmen", wie z. B. Arten der Bakteriengattung *Proteus.*

Dagegen gibt es **Bakterien,** die eher sternförmige oder unregelmäßige Kolonien bilden, wie z. B. **Mycobakterien.** Diese sind u. a. Verursacher schwerer Infektionskrankheiten, wie z. B. der **Tuberkulose** (Vogel und Schaub 2021). Zudem zeigen einige Bakterien eine besondere Farbe. Es gibt weiße bis gräuliche Kolonien, aber auch sehr farbenfrohe Bakterienkolonien, wie z. B. bei einem harmlosen Bakterium *Micrococcus luteus,* das sich gewöhnlich auch auf unserer Haut und in der Umwelt findet. Die Kolonie weisen häufig eine gelbe Farbe auf (siehe Abb. 1.2). Allerdings verhalten sich nicht alle Isolate einer Bakterienart gleich. Es gibt z. B. auch *Micrococcus*-**Arten,** deren Kolonien eine andere Farbe aufweisen.

Unterschiede im Aufbau der **bakteriellen Zellwand** werden ebenfalls zur Charakterisierung und Identifizierung genutzt. Die bakterielle Zellwand besteht aus **Peptidoglykan,** sog. Mureinen, die dicht gepackt ein festes Netzwerk bilden (Abb. 1.3). Bei sog. **grampositiven Bakterien** ist diese Mureinschicht sehr dick und es sind zusätzlich große Mengen sog. Teichonsäuren eingelagert. Unter der Zellwand befindet sich eine Membran als Begrenzung des Zellinhalts, in der sich eingelagerte und aus Proteinen bestehende Kanäle befinden, um Informationen ins Zellinnere zu leiten, Nährstoffe zu resorbieren usw. (Viljoen et al. 2020). Bei sog. **gramnegativen Bakterien** ist diese Mureinschicht deutlich schmaler

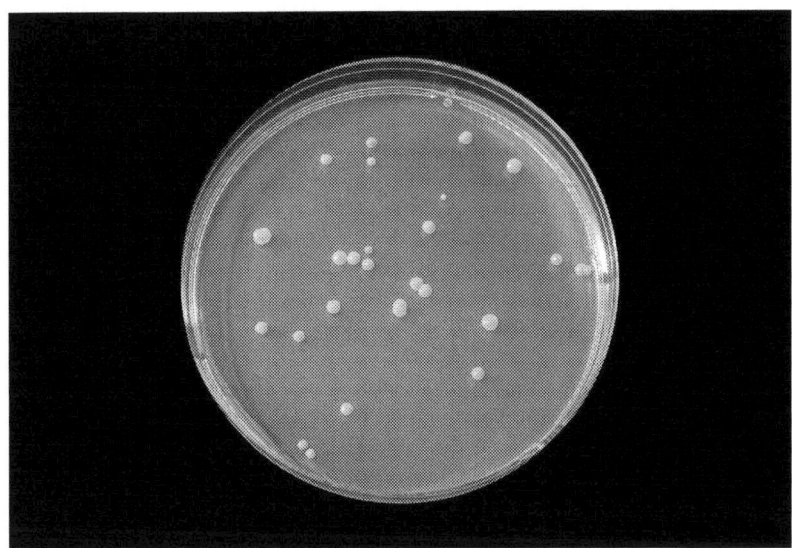

Abb. 1.2 Aussehen von Bakterienkolonien auf einer Agarplatte. (Quelle: Adobe Stock, Dateinr.: 257015270)

und zudem ist eine äußere Membran vorhanden. Die äußere Membran der gramnegativen Bakterien kann je nach Art auch sog. Lipopolysaccharide enthalten, die als **Endotoxine** bekannt sind und z. B. Überempfindlichkeitsreaktionen und Fieber bis hin zum **anaphylaktischen Schock** verursachen können (Vogel 2020). Dagegen besitzen grampositive Bakterien keine Endotoxine. (Abb. 1.3), jedoch können einige Arten andere Toxine bilden (siehe unten). In Abschn. 2.3 wird die Labormethode zur Unterscheidung zwischen grampositiven und -negativen Bakterien im Detail vorgestellt.

Einige **Bakterien** verfügen über „Notfallmechanismen", um ungünstige Umweltbedingungen überleben zu können. Dies kann z. B. der Fall sein, sofern alle Nährstoffe aufgebraucht sind (Setlow und Christie 2021). In diesem Fall bilden einige grampositive Bakterien sog. **Endosporen.** Das sind resistente, mehrschichtige Kapseln im Inneren der Bakterienzelle, die auch extreme Umweltbedingungen überstehen können und aus denen sich wieder ein Bakterium entwickelt, sobald sich günstigere **Umweltbedingungen** (z. B. erneutes Vorhandensein von Nährstoffen, gemäßigte Temperatur) einstellen. Vertreter der Gattungen *Clostridium* (neuer Name *Clostridioides*) und *Bacillus* sind typische

Gramnegativ   **Grampositiv**

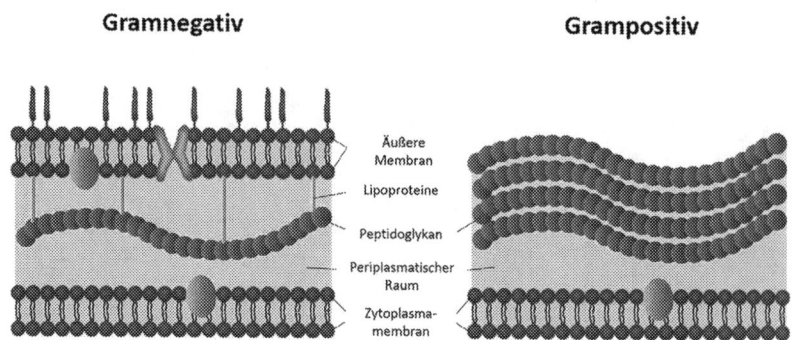

Abb. 1.3 Schematischer Aufbau der Zellwand von gramnegativen und grampositiven Bakterien. (Quelle: Adobe Stock, Dateinr.: 71218948, modifiziert)

Endosporenbildner (Dürre 2014). Diese Form der Bakterien stellt medizinisch bzw. industriell ein Problem dar, da die Endosporen nur schwer zu eliminieren sind. Deshalb erfolgt z. B. die Herstellung von **sterilen Arzneimitteln** in speziellen Reinräumen, in denen durch eine komplexe Technik und Vorgaben zur Vermeidung des Eintrags durch Material oder Personal besonders keimreduzierte Bedingungen herrschen. Das eingesetzte Material, aber auch produktberührende Leitungen von Anlagen müssen steril, also keimfrei sein. Das wird gewöhnlich durch Inaktivierungsmethoden wie der **Autoklavierung** (Erhitzen auf 120°C für z. B. 30 min unter Dampfdruckbedingungen) oder **Bestrahlung** erreicht (Setlow und Christie 2021). Während sich die meisten Bakterien schon in der Anlaufphase vor Erreichen der 120°C „verabschieden", ist die Dauer der Behandlung besonders auf die Inaktivierung von **Endosporen** ausgelegt.

Es gibt aber noch weitere Bereiche, in denen bakterielle **Endosporen** gefährlich werden können, z. B. in Lebensmitteln, sofern die Endosporen unter günstigen Bedingungen auskeimen und die Bakterien in der Folge **Toxine** bilden. Solche Fälle sind heimtückisch, da man dem Lebensmittel häufig nicht ansieht (z. B. im Gegensatz zu verdorbenem Hackfleisch, was sich allein schon farblich unterscheidet), dass es gefährlich ist. Ein Beispiel hierfür ist *Clostridium botulinum* (grampositives Stäbchen), der den sog. **Lebensmittelbotulismus** (Lebensmittelvergiftung) verursachen kann (Rawson et al. 2023).

Bakterien weisen je nach der Umgebung, an die sie sich angepasst haben, verschiedene Stoffwechsel auf. Es gibt Bakterien, die Sauerstoff benötigen **(aerob)** bis zu Bakterien, die sich nur unter sauerstofffreien Bedingungen **(anaerob)**

vermehren, und manchen die nur unter mikroaerophilen Bedingungen, also verminderter Sauerstoffkonzentration (< 10%) und erhöhten Konzentrationen von Kohlenstoffdioxid (> 5%) kultivierbar sind, wie *Campylobacter*-Arten, die bei Menschen Durchfallerkrankungen erzeugen können. Ein gutes Beispiel für ein aerobes Bakterium ist z. B. *Staphylococcus aureus,* welches u. a. häufig unsere Haut oder unseren Nasen-/Rachenraum besiedelt, wobei dies am häufigsten kommensalischer Natur ist, uns also nicht stört oder krank macht. Ein Beispiel für anaerobe Bakterien sind Vertreter der Gattung *Clostridium,* wie *Clostridium difficile,* welches Darmkrankheiten auslösen kann (RKI 2018). In einigen Fällen können Bakterien ihren Stoffwechsel umstellen, z. B. bevorzugen fakultativ anaerobe Bakterien Sauerstoff für den Stoffwechsel, können bei Abwesenheit von Sauerstoff ihren Stoffwechsel aber umstellen, wie z. B. *Bacillus subtilis,* der Mikrobe des Jahres 2023, welche ubiquitär im Boden lebt. Die Sauerstoffpräferenz muss beim Nachweis von Bakterien, sofern eine Anreicherung aus einer komplexen Probe notwendig ist, berücksichtigt werden. Daneben gibt es weitere Unterschiede bezüglich biochemischer Fähigkeiten, wie z. B. die Verwertung von Glukose für die Energiegewinnung mittels Gärung (sog. **Fermenter**) bzw. die kompensatorische Verwendung bis hin zu anderen Nährstoffquellen (sog. **Non-Fermenter**). Diese und weitere Unterschiede werden bei der **biochemischen Identifizierung** von Bakterien als Kriterien herangezogen (siehe Abschn. 3.2 und 3.3).

Die überwiegende Anzahl von **Bakterienarten,** sind **apathogen,** d. h. dass sie keine Krankheiten auslösen. Andere wiederum sind pathogen oder fakultativ pathogen, d. h. dass sie nur unter bestimmten Voraussetzungen Krankheiten auslösen können. In Tab. 1.2 sind einige Beispiele für Bakterien der verschiedenen Gruppen (Form, **Gramverhalten**) gezeigt, wobei diese Auswahl auch einige pathogene Bakterien enthält, wie z. B. die Erreger der Syphilis, Cholera, Tuberkulose, Borreliose, Diphtherie usw. Typische Bakterien, die viele von uns in sich tragen, sind Bakterien der *Enterobacteriaceae,* das sind Bakterien, die sich auf eine apathogene **(kommensalische)** Lebensweise im Darmtrakt von Tieren und Menschen eingestellt haben. Dazu zählt z. B. *Escherichia coli.* Dieses Bakterium vermehrt sich in unserem Darm und wird auch mit Kot ausgeschieden und so über die fäkal-orale Route wieder aufgenommen. *E. coli* ist auch ein Modell- und Hilfsorganismus für bestimmte Bereiche der Molekularbiologie. Weiter zählen zu den *Enterobacteriaceae* auch Arten, die z. T. akut verlaufende Erkrankungen verursachen, wie z. B. die *Salmonella*-**Serovare** und *Yersinia*-Arten, die zusammen mit Campylobacter-Arten (Gammaproteobakterium) die häufigsten Erreger von bakteriell verursachten Magen-Darm-Erkrankungen sind (Vogel und Schaub 2021a).

Tab. 1.2   Beispiele für Bakterien mit unterschiedlichen Eigenschaften

Gramverhalten	Kokken	Stäbchen	Spiralförmig
Grampositiv	Enterococcen, Staphylococcen, Streptococcen (u. a. Scharlach durch *Streptococcus pyogenes*), Micrococcen, *Corynebakterium* (Diphtherie)	Clostridien, *Bacillus* (Mycobacterium), *Listeria monocytogenes* (Listeriose)	*Campylobac*
Gramnegativ	Neisserien (u. a. Tripper), *Moraxella*	*E. coli*, Salmonellen, Yersinien (Magen-Darm-Erkrankungen), *Vibrio cholarae* (Cholera), *Proteus*, *Pseudomonas*, *Bordetella pertussis* (Keuchhusten)	Leptospiren, *Treponema* (*Borrelia* (Ly

Beispiele für Vertreter für die verschiedenen Eigenschaften **Gramverhalten** und **Zellform** sind in Tab. 1.2 genannt. Die gezeigte Aufteilung zeigt aber keine Verwandtschaftsbeziehung, sondern spiegelt nur bestimmte morphologische Gemeinsamkeiten bzw. Unterschiede wider.

Transport, Vermehrung, Isolierung und Selektivnährmedien

2

2.1 Transport

Sofern die zu analysierenden Proben nicht direkt vor Ort entnommen und angesetzt werden, ist ein Transport von der Untersuchungsstelle (z. B. Arztpraxis, Schlachthof, Wasserleitungssystem, zwischen Gebäuden eines Campus) zum **Untersuchungslabor** notwendig. Der Transport kann je nach Dauer und Bedingungen erheblichen Einfluss auf den Nachweis von **Bakterien** haben. Es gibt sehr robuste Bakterien, die auch mehrere Tage bei ungünstigen Temperaturen stabil sind und im Anschluss ohne Probleme wieder angezüchtet werden können.

Sofern die zu analysierenden Proben nicht direkt vor Ort entnommen und angesetzt werden, ist ein Transport von der Untersuchungsstelle (z. B. Arztpraxis, Schlachthof, Wasserleitungssystem, zwischen Gebäuden eines Campus) zum **Untersuchungslabor** notwendig. Der Transport kann je nach Dauer und Bedingungen erheblichen Einfluss auf den Nachweis von **Bakterien** haben. Es gibt sehr robuste Bakterien, die auch mehrere Tage bei ungünstigen Temperaturen stabil sind und im Anschluss ohne Probleme wieder angezüchtet werden können. Daneben gibt es Bakterien, die bei ungünstigen Bedingungen schnell ihre Vermehrungsfähigkeit verlieren. Hierdurch können **falsch negative Ergebnisse** und Befunde entstehen. Den Einfluss der Temperatur kann nicht pauschalisiert werden, da Bakterien je nach Gruppe und Art ein breites Spektrum an Temperaturpräferenz aufweisen, kühle Temperaturen werden aber allgemein empfohlen, da sie konservierend wirken.

Ein Beispiel sind Bakterien der Gattung **Campylobacter.** Es gibt verschiedene Arten, die als **Krankheitserreger** auftreten, u. a. *Campylobacter jejuni* und *C. coli.* Beide sind mikroaerophil, d. h. relativ stark an die Bedingungen des Magen-Darm-Trakts angepasst. Außerhalb dieses Milieus sind sie nur begrenzt

11

P. U. B. Vogel und J. Borrelli, *Identifizierung von Bakterien*, essentials, https://doi.org/10.1007/978-3-662-68771-0_2

vital. Untersuchungsproben (z. B. Stuhlprobe) mit Verdacht auf *Campylobacter*-Arten sollten in speziellen **Nährmedien** transportiert werden, da die Bakterien andernfalls in einen Zustand übergehen können, in dem sie zwar noch lebensfähig sind, aber nicht mehr im Labor kultiviert werden können. Dieser Zustand wird als **VBNC** (aus dem englischen **V**iable **b**ut **n**ot **c**ulturable) genannt und kann zu falsch negativen Befunden führen.

Deswegen empfiehlt es sich, die Untersuchungsproben z. B. im sog. **Cary-Blair-Medium** einzustechen und unter Verschluss möglichst **sauerstoffarm** zu verschicken. Das Cary-Blair-Medium verhindert durch die spezielle Zusammensetzung (z. B. niedriger Nährstoffgehalt und ein hoher Phosphatgehalt) auch das dominante Wachstum anderer, nicht pathogener Bakterien, die als normale Darmbewohner und auch im Kot vorkommen, wie z. B. von *Escherichia coli.* Schnelles, dominantes Wachstum von weniger anspruchsvollen Bakterien wie *E. coli* kann den Nachweis von *Campylobacter* erschweren oder verhindern. Im Labor werden diese Kulturen dann z. B. auf **Selektivnährmedien** wie Campylobacter-Agar unter **mikroaerophilen Bedingungen** bei 35–37°C angezüchtet. Dazu können die Agarplatten mit der ausgestrichenen Probe z. B. in einen verschließbaren Topf mit Zugabe eines Kits (Beutel), das in der Folge einen Großteil des Sauerstoffs bindet, Kohlendioxid freisetzt und so sehr sauerstoffarme, also mikroaerophile Bedingungen erzeugt. Das Selektivnährmedium enthält zudem zahlreiche Zusätze, u. a. verschiedene **Antibiotika,** die das Wachstum von anderen enterischen **gramnegativen** Bakterien sowie **grampositiven** Bakterien hemmen, aber nicht das Wachstum von Campylobacter-Arten behindern (Tab. 2.1). Das Cary-Blair-Medium wird aber auch für den Transport von Stuhlproben zum Nachweis anderer Bakterien, wie z. B. Salmonellen oder Yersinien bevorzugt (Dekker und Frank 2015).

Ein anderes Standard-Medium für ein breites Spektrum von Keimen, u. a. auch für **Streptococcen,** ist das **Amies-Transportmedium,** dass sowohl fest (gelartig) als auch flüssig verfügbar ist. Auch hier gilt der Grundsatz, dass die Proben kühl gelagert und die Transportwege und -zeiten möglichst kurzgehalten werden sollten. Das Medium enthält verschiedene Salze zur **Osmoregulation,** die für die Vitalität von Bakterien wichtig ist und stabilisiert den pH des Mediums durch Phosphatpuffer. Ein spezieller Zusatz, Charcoal, dient zur Neutralisierung von toxischen Stoffwechselprodukten, wodurch der Nachweis von z. B. *Neisseria gonorrhoeae,* dem Erreger der Geschlechtskrankheit **Tripper,** verbessert wird (Remel 2008; Boiko und Krynytska 2021).

2.2 Vereinzelung

Wie bereits erwähnt, ist eine wichtige Eigenschaft von **Bakterien**, dass sie auf
zweidimensionalen Oberflächen wie einer Agarplatte sichtbare Kolonien bilden.
Sofern das Ausgangsmaterial in Form von Reinkulturen oder isolierten **Kolonien** (z. B. auf Agarplatten, Flüssigkultur oder Stichkulturen) vorliegt, kann
direkt mit der weiteren Charakterisierung und Identifizierung fortgefahren werden. Genauso kann beim Einsatz der **PCR** (siehe Kap. 3) aufgrund der hohen
Sensitivität auf eine weitere Anzucht verzichtet werden. In einigen Fällen ist es
aber auch bei der PCR sinnvoll, über isolierte Kolonien zu verfügen, um z. B.
weitere Analysen zu ermöglichen. Im Fall von heterogenen Proben (z. B. Stuhlproben, bakterieller Rasen auf Agarplatten, Rachenabstriche) ist es üblich, die
Bakterien erst zu vermehren und zu vereinzeln. Einige **Analysemethoden** werden durch die Anwesenheit von anderen Bakterien gestört bzw. ergeben nicht
auswertbare Ergebnisse (siehe Abschn. 3.3). Die klassische Methode zur Vereinzelung ist der **Dreiösen- bzw. Vierösenausstrich** auf Agarplatten. Dazu wird
mithilfe einer Impföse Material entnommen und nach dem in Abb. 2.1 gezeigten
Schema ausgestrichen.

Dabei wird bei jeder Richtung die Impföse idealerweise gewechselt. Das
Prinzip entspricht einer Ausdünnung der anhaftenden **Bakterien.** Am Anfang

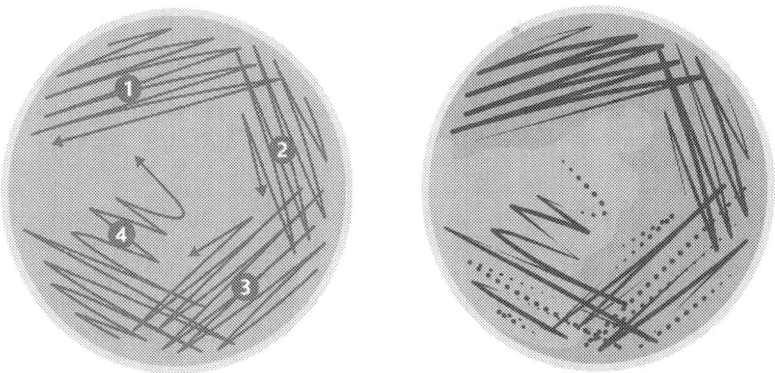

Abb. 2.1 Schematische Darstellung für die Vereinzelung von Bakterien mittels 4-
Ösenausstrich; Links: Richtung des Ausstrichs; Rechts: Angedeutetes Wachstum nach
Inkubation. (Quelle: Adobe Stock, Dateinr.: 494152202, modifiziert)

befinden sich viele Bakterien an der Impföse, die auch auf dem Agarboden bleiben, bei fortgesetztem Ausstrich reduziert sich die Anzahl der Bakterien. Da man den zweiten Ausstrich nicht mehr aus der Ausgangsprobe, sondern aus einem Bereich des ersten Ausstrichs macht, in dem bereits weniger Bakterien liegen, gibt es entlang des Ausstrichs immer weniger Bakterien. Der dritte Ausstrich verstärkt diesen Ausdünnungseffekt nochmals usw. Das Resultat ist erst mal nicht sichtbar. Sofern diese Agarplatte für einen bis wenige Tage unter optimalen Bedingungen (z. B. 35°C) inkubiert wird, wachsen aus jeder auf der Platte befindlichen vermehrungsfähigen Zelle **Kolonien** heran, die mit dem bloßen Auge sichtbar sind.

Dabei zeigt sich häufig zu Beginn des Ausstrichs ein Rasen, in dem die einzelnen **Kolonien** so dicht liegen, dass sie zusammengewachsen sind und sich einzelne Kolonien nicht unterscheiden lassen. Entlang des Ausstrichs nimmt die Anzahl von isoliert vorliegenden Kolonien zu (Abb. 2.2). Diese Kolonien am Ende des Ausstrichs werden für die weitere Analyse verwendet. Sofern eine Mischkultur vorliegt und alle in der Probe befindlichen Bakterien identifiziert werden sollen, werden alle Kolonien, die sich **morphologisch** unterscheiden (Aussehen, Größe, Farbe, Besonderheiten), im Anschluss separat entnommen und identifiziert. Man benötigt sowohl für die **Gramfärbung** als auch die biochemischen Reaktionen immer ein wenig Koloniematerial. Es kann auch notwendig sein, mehrere Kolonien zu entnehmen.

Wichtig ist es immer, die Kolonien nicht zu lange zu inkubieren. **Bakterien** hemmen sich ab einem bestimmten Punkt gegenseitig, da die Nährstoffe verbraucht werden und die Konzentration von Abbauprodukten und Metaboliten zunimmt. Das kann zu einer Veränderung des Stoffwechsels mit teilweise erheblichen molekularen Änderungen der **Genregulation** und Transkriptions- und Proteinsyntheserate führen, der später Auswirkungen auf den Nachweis einzelner biochemischer Reaktion hat. Im Idealfall wird immer frisches Koloniematerial verwendet und der Rest für ggfs. Nachtestungen kühl im Kühlschrank gelagert.

Die Vereinzelung und Vermehrung von **Bakterien** für die Identifizierung erfolgt gewöhnlich auf unspezifischen Nährmedien, da man erkennen möchte, wie viele verschiedene Bakterien in der Probe vorhanden sind. **CASO** (**Ca**sein **So**ja Pepton Agar) ist ein Medium, das u. a. einen enzymatisch verdautes Casein (Hauptmilchprotein) sowie Sojapepton enthält. In diesem sind zahlreiche Nährstoffe, die Bakterien für ein Wachstum benötigen. Der Begriff **TSB** (Tryptic soy broth) wird häufig synonym verwendet. Die Nährmedien gibt es als halbfester Agar oder als Flüssigkeit (sog. Bouillon). Weiterhin ist sog. **Columbia-Blutagar** (enthält 5 % Schafsblut) ein weiteres Nährmedium, auf dem ein breites Spektrum von Bakterien wachsen kann. Die Verwendung von Blutagar hat einen erheblichen

Abb. 2.2 Beispiel für eine mit einer Reinkultur von *Staphylococcus aureus* bewachsene Agarplatte (nach Inkubation im Wärmeschrank), die mittels 4-Ösenaustrich angesetzt wurde (Bakterien erscheinen weiß/hell. An Stellen, wo der Ausstrich gestartet wurde, hat sich ein zusammenhängender Bakterienrasen gebildet, am Ende der Vereinzelung lassen sich einige isoliert liegende Kolonien erkennen). (Quelle: Adobe Stock, Dateinr.: 520032207)

Vorteil, da sie bereits bei der Vereinzelungskultur Hinweise auf die Bakterienart geben kann, durch die sog. Hämolyse, die Zerstörung der roten Blutkörperchen durch Bakterientoxine. Man kann drei Formen der Hämolyse unterscheiden, je nachdem, wie sich die Farbe des Blutagars um eine Bakterienkolonie herum ändert (α grünlich dunkel durch teilweisen Abbau, βgelblich bis klar durch vollständigen Abbau (z. B. bei Gruppe A-Streptococcen, siehe Abschn. 5.2), γ keine Hämolyse). Das Hämolyseverhalten ist ein wichtiges Kriterium zur Einteilung der Bakterien, vor allem der Streptococcen. Es gibt aber weitere Bakterien, die zur Hämolyse fähig sind, z. B. einige Vertreter der Gattungen *Staphylococcus, Enterococcus, Clostridium* und *Vibrio* (siehe auch Tab. 1.2). Ein Nachteil dieses Mediums in der Praxis ist allerdings seine bedeutend geringere Haltbarkeit im Vergleich zu z. B. CASO-Medium. D. h. aber nicht, dass durch den Einsatz dieser beiden Medien jegliche Kontamination als **Kolonie** visualisiert werden kann. **Anaerobier** (z. B. *Clostridium*) können bei aerober Bebrütung (Einlegen der nicht luftdicht verschlossenen Agarplatten in den Brutschrank) auf diesen Medien nicht wachsen.

Sofern nur auf bestimmte **Bakterien** getestet werden soll, da vielleicht die restlichen Bakterien der normalen Flora der Probe (z. B. Abstrich) nicht interessieren, können auch sog. **Selektivnährmedien** eingesetzt werden. Diese unterstützen den Nachweis bestimmter Bakterien, indem durch Zusätze das Wachstum anderer Bakterien gehemmt wird oder wesentliche Eigenschaften der gesuchten Bakterien nachgewiesen werden. Es gibt eine ganze Palette an Selektivnährmedien, da das Reich der Bakterien sehr vielfältig ist. In Tab. 2.1 sind einige Selektivnährmedien, die Bakteriengruppen, die damit nachgewiesen werden können, sowie weitere Besonderheiten zusammengefasst. Die Bebrütungszeit dieser Nährmedien variiert zwischen einem Tag (schnell wachsende Bakterien) und mehreren Wochen (z. B. Mycobakterien) (Vogel 2020). Das Aussehen der Kolonien einer bestimmten Bakterienart ist u. a. auch abhängig von dem eingesetzten Nährboden.

Zum Beispiel ist der **Mannit-Kochsalz-Agar** ein beliebtes Medium für den selektiven Nachweis von **Staphylococcen** und **Micrococcen**. Andere Bakterien werden durch die hohen Konzentrationen von Natriumdesoxycholat gehemmt. Das Wachstum ist nicht absolut spezifisch, d. h. auf Stufe der gewachsenen Kolonien ist die Identifizierung der Art nicht möglich, allerdings kann hier direkt ein spezifischer Abschlusstest erfolgen. Des Weiteren ermöglicht dieser Agar eine Einschätzung der **Pathogenität,** da pathogene *Staphylococcus aureus*-Isolate häufig das Mannitol so verwerten, dass der Agar durch die Verwendung eines pH abhängigen Indikatorfarbstoffes von der rosa-Färbung in eine Gelbfärbung umschlägt (siehe Abb. 2.3).

Das Aussehen einer inkubierten **Mannitol-Kochsalz-Agarplatte,** auf der eine Reinkultur von *Staphylococcus aureus* mittels 4-Ösenaustrich wurde, ist in Abb. 2.3 gezeigt. Man erkannt hier wieder das bereits beschriebene Erscheinungsbild von Bakterienrasen zu Beginn und einer fortschreitenden Vereinzelung. Die rosa-Färbung im linken Bereich stellt dabei die Ursprungsfarbe des Agars vor dem Ausstrich dar. In den Bereichen, in denen sehr viel Bakterien gewachsen sind, ist die Agarfarbe Gelb. In diesem Bereich haben die Bakterien den Zusatz **Mannitol** verstoffwechselt, was zum pH des Mediums und damit seine Farbe geändert hat, was zusätzlich ein Hinweis auf die Pathogenität des Isolates ist.

Ein weiteres Beispiel ist der **XLD-Agar** (Xylose Lysin Desoxycholat). Dieses Selektivmedium fördert das Wachstum von **gramnegativen Bakterien** wie Salmonellen oder *E. coli.* Bakterien wie einige Salmonellen bilden aus dem Zusatz Natriumthiosulfat Schwefelwasserstoff, wodurch die Kolonien ein schwarzes Zentrum aufweisen (Abb. 2.4). *E. coli*-Kolonien z. B. zeigen kein schwarzes Zentrum, können aber die Zucker (u. a. Xylose) verwerten und verursachen eine pH-Änderung, die das umgebene Medium gelb färbt. Die Farbreaktion ist aber abhängig vom eingesetzten Selektivmedium, z. B. erscheinen auf dem MacConkey-Agar (Unterscheidung auf Basis von Laktose-Fermentation)

Tab. 2.1 Übersicht über einige Selektivnährmedien und deren Eigenschaften

Name	Fördernd für	Spezifische Hemmung von	Besonderheit
Gassner-Agar	*Enterobacteriaceae* wie Shigellen, *Enterococcus*	Metachromgelb hemmt grampositive Bakterien	Laktose-Verwertung führt zu Farbumschlag
XLD-Agar	Gramnegative Bakterien wie *Shigella, Salmonella, E. coli*	Grampositive Bakterien durch Natriumdesoxycholat gehemmt	Einige *Salmonella*-Serovare erscheinen schwarz gefärbt
Mannit-Kochsalz-Agar	Staphylococcen und Micrococcen	Andere Bakterien werden durch hohen Kochsalzgehalt am Wachstum gehemmt	Verwertung von Mannit (Gelb-Färbung) ist ein Indikator für die Pathogenität
Blut-CNC-Agar	Grampositive Bakterien	Die Antibiotika Colistin und Nalidixinsäure hemmen gramnegative Bakterien	Entspricht ohne Antibiotika Columbia-Blutagar
Campylobacter-Agar	*Campylobacter*-Arten	Antibiotika wie Novobiocin und Colistin hemmen gramnegative enterische Bakterien, Cephazolin und Bacitracin hemmen grampositive Bakterien. Cycloheximid hemmt Pilze	Radikale und Peroxid, die das Campylobacter-Wachstum hemmen können, werden durch Komponenten des Pferdeblut-Zusatzes abgebaut
7H10	Mycobakterien	Teilweise, aber keine vollständige Hemmung	Lange Dauer, bis zu mehreren Wochen bis sich makroskopische Kolonien bilden
McConkey-Agar	Gramnegative Bakterien	Grampositive Bakterien	Differenzierung von Bakterien bezüglich Laktose-Verwertung

Abb. 2.3 Beispiel für das
Erscheinungsbild eines
Isolats des Bakteriums
Staphylococcus aureus auf
Mannitol-Kochsalz-Agar.
(Quelle: Adobe Stock,
Dateinr.: 353674198)

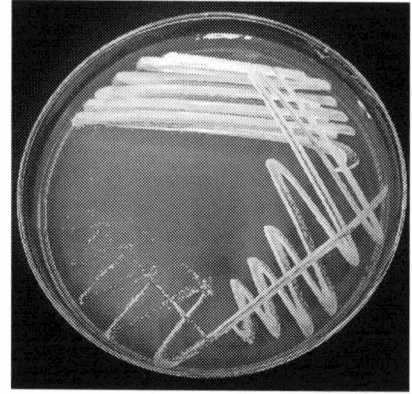

E. coli-Kolonien wiederum pink, während Salmonellen weiße Kolonien ohne Farbumschlag bilden (Jung und Hoilat 2022).

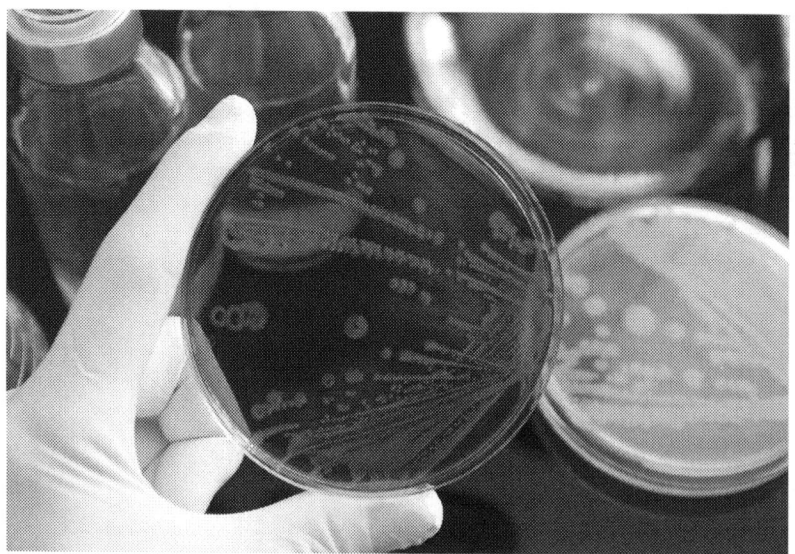

Abb. 2.4 XLD-Agarplatte mit gewachsenen *Salmonella*-Kolonien (schwarzes Zentrum ist bei großen Kolonien gut zu erkennen). (Quelle: Adobe Stock, Dateinr.: 289089036)

Klassische Untersuchungsmethoden zur Identifizierung von Bakterien 3

3.1 Gramfärbung

Sofern nun vereinzelte Kolonien vorliegen, ist die Analyse des **Gramverhaltens** ein Test zur weiteren Charakterisierung der Probe. Die **Gramfärbung** ist eine Labormethode, mit denen Unterschiede im Aufbau der **bakteriellen Zellwand** visualisiert werden. Wie bereits in Kap. 1 beschreiben, gibt es zwei charakteristische Erscheinungsformen, **grampositive** und **gramnegative Bakterien.** Daneben gibt es noch Zwischenformen, z. B. gramvariabel, auf die wir im Weiteren nicht eingehen werden. Die Differenzierung beruht auf einer Färbetechnik, mit der die Zellwand unterschiedlich dargestellt wird. Ein Farbstoff **Kristallviolett** wird zu den Bakterien gegeben, mit Iod nachbehandelt und gewaschen. Bei grampositiven Bakterien bleibt der Farbstoff-Iod-Komplex in der dicken Zellwandschicht stecken, wird aber aus der schmalen Zellwand von gramnegativen Bakterien ausgewaschen. Damit beide Typen mikroskopisch farblich dargestellt werden, werden die Bakterien mit einem roten Farbstoff nachgefärbt (Abb. 3.1).

Ablauf der Gramfärbung:

- Die **Gramfärbung** läuft üblicherweise unter Verwendung von Glas-Objektträgern
- Koloniematerial wird auf den Objektträger gestrichen
- Das Material wird durch Hitze auf dem Objektträger fixiert
- Die Objektträger werden in ein Färbebad mit **Farbstoff** gelegt → in dieser Zeit dringt der Farbstoff in die Zellwand der Bakterien ein; danach mit Iod-Kaliumiodid nachbehandelt
- Danach werden die Objektträger mit einer alkoholhaltigen Lösung gewaschen, um überschüssige Farbreagenz zu entfernen

© Der/die Autor(en), exklusiv lizenziert an Springer-Verlag GmbH, DE, ein Teil von Springer Nature 2024
P. U. B. Vogel und J. Borrelli, *Identifizierung von Bakterien*, essentials, https://doi.org/10.1007/978-3-662-68771-0_3

Abb. 3.1 Schematischer
Ablauf der Gramfärbung.
(Quelle: Adobe Stock,
Dateinr.: 346551352,
modifiziert)

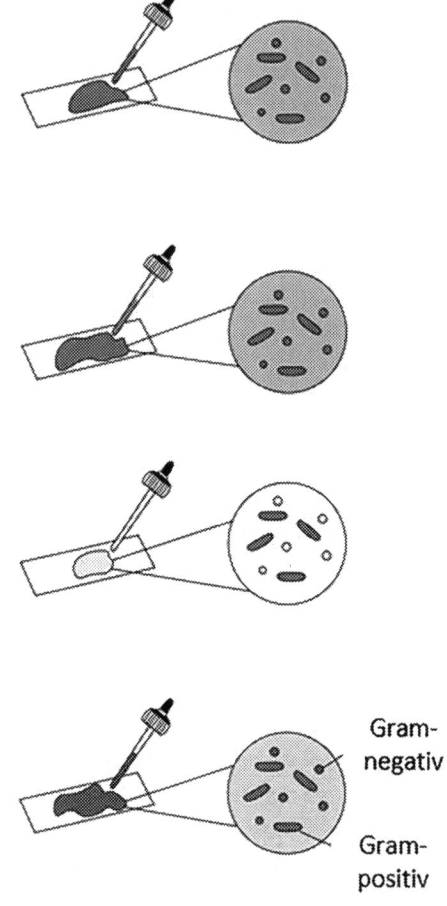

Gram-
negativ

Gram-
positiv

- Bei grampositiven Bakterien bleibt der violette Farbstoff in der Zellwand, bei gramnegativen Bakterien wird der Farbstoff wieder herausgewaschen.
- Es erfolgt eine Gegenfärbung mit **Safranin-Rot,** damit Zellen, die keinen Farbstoff (gramnegative Bakterien) gebunden haben, mikroskopisch deutlich zu erkennen sind (Abb. 3.1)
- Die Objektträger werden getrocknet
- Das Ergebnis der Gramfärbung wird lichtmikroskopisch bei 400- bis 1000-facher Vergrößerung beurteilt.

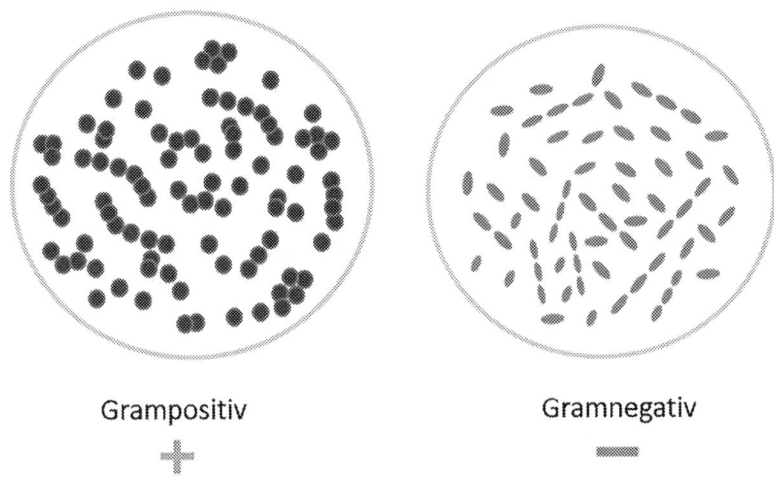

Grampositiv   Gramnegativ

Abb. 3.2 Beispiel für das Ergebnis der Gramfärbung für grampositive Kokken und gramnegative Stäbchen. (Quelle: Adobe Stock, Dateinr.: 548000232, modifiziert)

Neben der händischen Färbung gibt es auch automatisierte Färbeautomaten, die von verschiedenen Herstellern angeboten werden und die Durchführung beschleunigen.

    Grampositive Bakterien erscheinen dunkel-violett gefärbt, während **gramnegative Bakterien** rötlich erscheinen (Abb. 3.2). Da Zellen teilweise aneinanderhaften, ist das mikroskopische Bild je nach Bakterium und Qualität der Durchführung nicht so perfekt wie in Abb. 3.2 schematisch dargestellt.

    Ein konkretes Beispiel für ein Färbeergebnis, bei dem zwei verschiedene Bakterientypen (*Micrococcus:* **Grampositive Kokken** und Pseudomaden: **Gramnegative Stäbchen**) auf den gleichen Objektträger aufgetragen und gefärbt wurden, zeigt dies (Abb. 3.3). Häufig finden sich dabei sog. **Zellcluster,** bei denen mehrere Zellen dicht zusammenliegen, entweder, weil es eine Neigung der Bakterien ist, teils aber auch durch die Behandlung beim Auftrag und Fixierung verursacht. Trotzdem lässt sich der Unterschied zwischen grampositiv und -negativ gut erkennen. Allerdings lassen sich nicht alle Bakterien mit der **Gramfärbung** färben, wie z. B. Mycobakterien.

    Das Wissen über das **Gramverhalten** hilft, die Bakteriengruppe grob einzuengen, da z. B. bei **grampositivem Befund** der Kreis der Kandidaten bereits eingeschränkt ist und all die **gramnegativen Bakterien** (siehe in Tab. 1.2) nicht

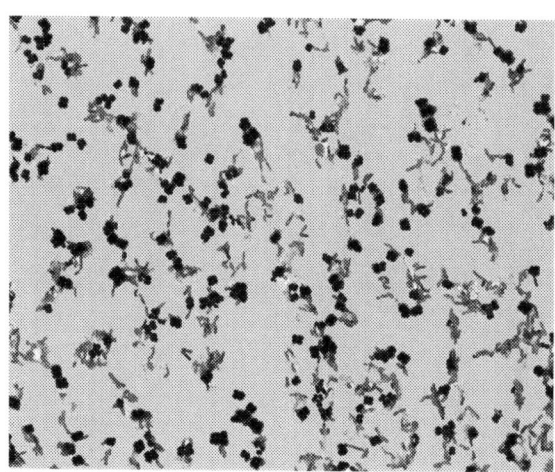

Abb. 3.3 Beispiel für das mikroskopische Erscheinungsbild einer Mischkultur bestehend aus Micrococcen (dunkel grampositive Kokken, überwiegend als Zellhaufen vorliegend) und Pseudomonaden (helle Stäbchen, ebenfalls überwiegend als Zellhaufen dicht aneinander liegend). (Quelle: Adobe Stock, Dateinr.: 481562514)

mehr in Betracht kommen. Allerdings reicht dies bei Weitem nicht aus, um die Bakterienart zu identifizieren. Dafür sind weitere Tests notwendig, wie in Abschn. 2.4 und 2.5 beschrieben.

3.2   Biochemische Eigenschaften

Bakterien unterscheiden sich weiterhin in ihrem Stoffwechsel und der An- bzw. Abwesenheit bestimmter enzymatischer Reaktionen. Viele Bakterien können z. B. den einfachen Zucker **Glukose** fermentieren, d. h. daraus Energie und Kohlenstoffkomponenten für die Synthese von Biomolekülen gewinnen. Andere können Glukose nicht oder nur über Umwege als Nährstoff nutzen (sog. **Non-Fermenter**). Da der Stoffwechsel von selbst einfachen **Mikroorganismen** recht komplex ist, mit hunderten von Synthesewegen, ergeben sich hieraus zahlreiche Möglichkeiten für eine Differenzierung. Die Kunst ist nur, die Synthesefähigkeiten so nachzuweisen, dass sie einfach optisch beurteilt werden können, und das möglichst schnell.

Wir werden in Abschn. 3.3 bei der Darstellung der sog. „**Bunten Reihe**" (Teststreifen mit Kavitäten für verschiedene Reaktionen) diverse Enzyme und die Auswertung kennenlernen. Allerdings gibt es mehrere „Bunte Reihen", die alle auf die **Identifizierung** von Arten bestimmter Bakteriengruppen spezialisiert sind, da bis jetzt noch kein handlicher biochemischer Teststreifen existiert, mit dem man jedes denkbare Bakterium sicher identifizieren kann. Mit anderen Worten, man sollte ungefähr erahnen, was man sucht, damit man den richtigen Teststreifen auswählen kann. Hierfür nehmen wir als Beispiel an, dass die zu analysierende Probe per Ausstrich vereinzelt wurde und aufgrund der Historie der Proben ein Vorhandensein von **Staphylococcen, Micrococcen** oder **Streptococcen** zutreffen könnte und die Kolonien auf der Platte damit stimmig sind.

Wir haben bereits eine Gramfärbung durchgeführt und diese hat das Vorhandensein von grampositiven Kokken bestätigt, ohne dass wir dabei lange Ketten von aneinanderhängenden Kokken beobachtet haben (was ein Merkmal von Streptococcen sein kann). Da es zwei spezifische API-Teststreifen für diese Bakterien gibt, ein Teststreifen zur Differenzierung und Identifizierung von Staphylococcen und Micrococcen (**API® Staph**) und ein Teststreifen für Streptococcen (**API® Staph),** kann man für die richtige Auswahl noch einen Schnelltest machen.

Eine einfache Unterscheidung ist ein Enzym namens **Katalase.** Dieses Enzym kommt bei aerob wachsenden Bakterien vor und hilft dem Bakterium giftige Metabolite wie Wasserstoffperoxid (H_2O_2) in Sauerstoff und Wasser zu spalten und damit zu inaktivieren. **Micrococcen** und **Staphylococcen** besitzen dieses Enzym, jedoch nicht **Streptococcen.** Der Katalase-Test selbst läuft recht simpel, indem man ein wenig Koloniematerial mit der Impföse auf einen Objektträger gibt und das Katalase-Reagenz zugibt und vermischt. Nach nur einer Minute sieht man mit dem bloßen Auge kleine Sauerstoffblasen, die entstehen. Katalase-negative Bakterien zeigen hier keine Veränderung. Nehmen wir an, der Katalase-Test ist positiv. Wir wählen jetzt den Teststreifen **API® Staph** mit dem sowohl Micrococcen als auch Staphylococcen bis zur Art bestimmt werden können. Sofern der Katalase-Test negativ ausgefallen wäre, hätten wir uns für den **API® Strep** entschieden.

Es gibt noch weitere sehr einfache Labortests, die schnell und einfach auf Objektträgern erfolgen und eine Grobunterscheidung ermöglichen, wie z. B. den **Oxidase-Test.** Dieser Test basiert auf der Reduktion des Enzyms Cytochrom C Oxidase, welches bei **Non-Fermentern** (keine Glukose-Verwertung) vorkommt (wie z. B. *Micrococcus,* siehe Tab. 3.1). Das Ergebnis ist eine Blaufärbung, sofern die Cytochrom C Oxidase vorhanden ist. Wichtig ist es zu behalten, dass diese Tests nicht spezifisch genug sind, um Arten zu identifizieren. Die Charakterisierung muss in Gesamtheit beurteilt werden. Das Muster **Katalase-positiv**

Tab. 3.1 Beispiele für einfache enzymatische Reaktionen von ausgewählten Bakterien

Bakteriengattung	Katalase	Oxidase
Micrococcus	Positiv	Positiv
Staphylococcus	Positiv	Negativ
Streptococcus	Negativ	Negativ
Proteus	Positiv	Negativ

und **Oxidase-negativ** zeigt sich z. B. auch bei der Gattung *Proteus,* die zu den gramnegativen *Enterobacteriaceae* (wie z. B. *E. coli* oder Salmonellen) gehören. Die Auswahl des spezifischen Abschlusstests erfolgt dann ganzheitlich unter Berücksichtigung aller vorliegenden Kenntnisse (*Proteus* schwärmt z. B. um die Kolonie aus und wäre in der **Gramfärbung** als rötliches Stäbchen erschienen). Sofern man direkt mit einer gewachsenen Flüssigprobe von *Proteus* einen **API®** **Staph** ansetzen würde, würde man nicht bewertbare Ergebnisse erhalten, da es für die zuverlässige Identifizierung von *Enterobacteriaceae* einen eigenen API-Teststreifen (**API® 20E**) gibt, der auf die speziellen biochemischen Eigenschaften dieser Bakterienfamilie optimal abgestimmt ist (O'Hara et al. 1992).

Wir geben in diesem *essential* nur einige Beispiele und haben uns vorhin locker flockig auf entweder Staphyloccocen, Micrococcen oder Streptococcen festgelegt und „klugscheißerisch" mit der Historie eingesandter Proben argumentiert. Aber was ist, wenn man völlig im Dunkeln tappt, welches **Bakterium** sich hinter den Kolonien verbergen könnte? Damit man für alle möglichen Gruppen (bei unbekannten Proben könnten tausende Bakterien in Frage kommen) den richtigen „**Orientierungstest**" (damit sind nach der **Gramfärbung** einfache Tests wie die eben beschriebenen Katalase- oder Oxidase-Tests gemeint) machen kann, gibt es Empfehlungen des Herstellers der **API-Teststreifen,** je nach dem, was bei der Zellform, dem Gramverhalten und den Vortests beobachtet wurde (bioMerieux 2023). So kann man zielgerichtet den sinnvollsten API-Teststreifen auswählen und wird in den meisten Fällen richtig liegen.

3.3   Biochemische Identifizierung: Analytical Profile Index (API)

Während einzelne biochemische Tests, wie in Abschn. 3.2 beschrieben, eine Orientierung bieten, reichen diese zur eindeutigen Identifizierung nicht aus. Dies lässt sich aber durch eine Kombination verschiedener biochemischer Fähigkeiten erreichen, welche sich als sog. **Bunte Reihe** als einfache Standard-Methode durchgesetzt hat. Derzeit vertreibt z. B. die Firma **bioMerieux** verschiedene Test-kits, die für den Nachweis verschiedener Bakteriengruppen eingesetzt werden. Die als **Analytical Profile Index** (API) bekannten Tests unterscheiden sich in der Anzahl der Reaktionen sowie den eingesetzten Substraten.

Ein **API** erfolgt im Labor ausgehend von **vereinzelten Kolonien.** Je nach Bakterium ist mehr als eine Kolonie notwendig, um ausreichend Probe für die Durchführung des API zu erhalten. Sofern notwendig, werden mehrere morphologisch gleiche Kolonien mit einer Impföse aufgenommen und in Puffer (z. B. Phosphatpuffer, Kochsalzlösung) oder Wasser gelöst. Dabei sollte die **Keimdichte** standardisiert sein. Hierfür gibt es z. B. sog. **McFarland-Standards** (basieren auf Bariumsulfat), gegen die die trübe Probenlösung verglichen wird. Die Probe sollte McFarland-Standard 0,5 entsprechen. Die trübe Probe wird nun mit einer Pasteurpipette in die Kavitäten gefüllt (Abb. 3.4). Dabei sind die Angaben zum Füllstand zu beachten (konkav oder konvex). Einige Reaktionen müssen noch mit Öl überschichtet werden, um anaerobe (sauerstoffarme) Bedingungen zu erzeugen.

Abb. 3.4 Beispiel für das Befüllen eines API-Teststreifen im Labor (Befüllung erfolgt abweichend vom Bild häufiger mit Pasteurpipetten; Quelle: Adobe Stock, Dateien.: 97840345)

In Abschn. 3.2 hatten wir uns aufgrund des Vorliegens von gelb gewachsenen, diskreten Kolonien, **grampositiven Kokken** und einer positiven **Katalase-Reaktion** für den **API® Staph** entschieden. Dieser enthält zahlreiche Reaktionen, bei denen die **Fermentation** einzelner Zucker überprüft wird wie z. B. D-Fruktose, D-Maltose oder D-Trehalose (D ist Bezeichnung für Zustandsform auch Enantiomer genannt), aber auch weitere Reaktionen, bei der die **Nitratreduktion** (durch sog. Nitratreduktasen) oder die **Harnstoffspaltung** (durch Urease) in einzelnen Kavitäten geprüft wird. In jeder der 20 Reaktionen (bis auf die Negativkontrolle) sind dazu die jeweiligen Substrate in getrockneter Form enthalten, die durch Zugabe der Bakterienlösung re-suspendiert werden.

Der befüllte **API-Teststreifen** wird in einer mit Wasser befeuchteten Kunststoffschale (schützt vor Austrocknung) über Nacht in einem Wärmeschrank z. B. bei 35°C inkubiert und kann nach 18–24 h ausgewertet werden. Das Ergebnis jeder einzelnen Reaktion ist danach am Aussehen zu erkennen und binär, d. h. es wird entweder in positiv oder negativ eingestuft. Die Kriterien für diese Einstufung hängen von der konkreten Reaktion ab, meist sind es **Farbunterschiede** (z. B. keine Farbe = negativ, gelb = positiv), da die enzymatische Aktivität der Bakterien ein bestimmtes Produkt gebildet hat oder zu einer pH-Veränderung geführt hat. Daneben können aber auch Vorhandensein oder Abwesenheit von Luftbläschen für positiv oder negativ stehen. Das genaue Muster der Bewertung wird der Produktbeschreibung des Kits entnommen. In einigen Fällen, sofern z. B. das Isolat biochemisch leicht von anderen Arten des **Bakteriums** unterscheidet oder bei der Durchführung nicht ganz akkurat bzw. standardisiert (Keimdichte, Füllstand, eingebrachte Luftblasen) gearbeitet wurde, kann es unschlüssige oder schwierig zu bewertende Ergebnisse vorkommen. Ein Beispiel ist die Einschätzung der Farbe: Ist die Reaktion gelb oder orange oder irgendwas in der Mitte zwischen diesen Farben? Je mehr praktische Erfahrung man hat, desto seltener treten solche uneindeutigen Reaktionen auf.

Die einzelnen Ergebnisse aller Reaktionen werden auf dem Protokoll dafür notiert (+ oder −). Jeder Reaktion ist eine Zahl (1, 2 oder 4) zugewiesen. Der Teststreifen fasst immer 3 Reaktionen als Gruppe zusammen. Sofern alle Reaktionen der ersten 3er-Gruppe positiv sind, werden die Zahlen summiert (1 + 2 + 4 = 7) und die Summe im Feld unter der Gruppe notiert. Für alle Gruppen ergibt sich daraus ein siebenstelliger **Zahlencode**. Dieser resultierende **Code** oder **Schlüssel** wird als nächstes einer Bakterienart zugewiesen. Hierzu gibt es zwei Möglichkeiten. Es gibt vom Hersteller bioMerieux ein Anwenderbuch, in dem die Codes bestimmten **Bakterienarten** zugeordnet werden. Etwas einfacher ist die Verwendung der Hersteller-Software, die online verfügbar ist und nach Eingabe des Musters (positiv oder negativ) die identifizierte Bakterienart samt Angabe zur

Wahrscheinlichkeit der Richtigkeit „ausspuckt". Die Gattung und Art werden als Befund auf dem Protokoll notiert, womit die einfache Identifizierung abgeschlossen ist. Je nach Fragestellung werden die Isolate jedoch weiter analysiert, z. B. zur Bestimmung ihrer **Pathogenität** oder auf **Antibiotika-Resistenzen.**

Wer sich das Leben im Labor leichter machen möchte, für den gibt es auch eine **Automatisierung** der **biochemischen Keimidentifizierung,** bei der ein Großteil der manuellen Manipulationen wegfällt. Mit dem Vitek2 z. B. bietet die Firma bioMerieux auch ein Gerät an, bei welchen man nach der **Gramfärbung** die richtigen Kartuschen auswählt, diese mit der Bakteriensuspension füllt und dann von der Maschine inkubieren und auswerten lässt. Ähnlich wie die **API-Teststreifen** haben die Kartuschen Vertiefungen für die einzelnen Reaktionen, allerdings mit einem kleinen Fenster, durch welches ein Photometer die Farbreaktionen ausliest, mit der Datenbank vergleicht und bei einer Übereinstimmung die Bakterienart ermittelt. Automatisiert können so bis zu 120 (je nach Gerätetyp) Proben in wenigen Stunden bestimmt werden.

Molekularbiologische Methoden: PCR und LAMP zur Identifizierung von Bakterien

4.1 Polymerase-Kettenreaktion (PCR)

Die **Polymerase-Kettenreaktion** (PCR) ist mittelweile ein Standard-Verfahren in der mikrobiologischen Diagnostik (Makay 2004). Die Methode selbst wurde 1983 von dem US-Amerikaner **Kary Mullis** entwickelt. Während die Durchführung in den Anfangsjahren noch mühsam war, wurde die PCR in den Folgejahren durch technologische Fortschritte zu einer sehr effizienten Methode, auch zur Identifizierung von Bakterien. Im Gegensatz zu den im Abschn. 2.6 vorgestellten **API-Teststreifen** und der im nächsten Kapitel besprochenen **MALDI-TOF MS** ist es bei PCR-Verfahren nicht unbedingt notwendig, eine isolierte Kolonie (oder überhaupt eine Kolonie) zu erhalten, d. h. diese Methode funktioniert direkt mit Mischkulturen oder Proben, die mehrere verschiedene Mikroorganismen enthalten. Ein weiterer Unterschied zum API-Teststreifen und der MALDI-TOF MS sowie Schnelltests besteht darin, dass andere Biomoleküle der gesuchten Organismen für den Nachweis genutzt werden, also nicht Proteine/Enzyme, sondern Nukleinsäuren.

Die **PCR** ist als Standardmethode in vielen Bereichen, von der **medizinischen Diagnostik** über die **Lebensmittelanalytik** bis hin zu pharmazeutischen Anwendungen etabliert und akzeptiert. Sie ist bis zu einem bestimmten Punkt (Anzahl der Proben) aufwendiger als die klassischen Methoden und auch kostenintensiver. Mit der PCR ist es häufig egal, ob eine Rein- oder Mischkultur vorliegt, d. h. es ist häufig keine vorherige Vereinzelung und Anzucht nötig, wodurch Zeit gespart wird. Bei gut designten **PCRs** ist die Reaktion so spezifisch, dass nur bei Vorliegen der DNA des gesuchten Organismus nachgewiesen wird. Deswegen ist die PCR von Natur spezifischer als die **API-Teststreifen** (der ein breiteres Bakterienspektrum identifizieren kann) und damit eingeschränkter, da nur festgelegte

P. U. B. Vogel und J. Borrelli, *Identifizierung von Bakterien*, essentials, https://doi.org/10.1007/978-3-662-68771-0_4

Arten nachgewiesen werden. Es gibt aber auch PCRs, bei denen durch Auswahl von hochkonservierten Bereichen im **Genom** von Bakterien auch das Vorhandensein übergeordneter Bakteriengruppen nachgewiesen werden können. Daneben gibt es auch sog. **Multiplex-PCRs,** die verschiedene Primerpaare im gleichen Ansatz enthalten und so mehrere Bakterienarten durch eine einzige PCR-Reaktion nachweisen können.

Auch wenn in Zeiten der **COVID-19-Pandemie** viele Laien mit den Grundlagen der **PCR** vertraut wurden, soll trotzdem das Grundprinzip kurz erklärt werden. Bei der **PCR** werden kleine Abschnitte aus dem **Genom** der Bakterien vervielfältigt. Dies erfolgt mit kurzen Nukleinsäure-Sequenzen, sog. **Primern,** die anhand der bekannten Abfolge von Basen im Genom des Bakteriums entworfen, bei spezialisierten Unternehmen in Auftrag gegeben werden und durch chemische Synthese hergestellt werden. Man braucht zwei Primer, sog. Forward- und Reverse-Primer, um einen bestimmten Genabschnitt, die sog. **Zielsequenz** (target), wiederholt kopieren zu können. Eine PCR verläuft nach einem wiederkehrenden **Temperaturprofil,** sodass in jedem Zyklus die doppelsträngige DNA aufgelöst wird **(Denaturierungsphase)** und einzelsträngige DNA vorliegt. Die Primer binden nach Absenkung der Temperatur **(Annealingphase)** und nach Abheben der Temperatur werden die DNA-Einzelstränge durch ein Enzym (DNA-Polymerase) wieder zum Doppelstrang aufgefüllt **(Synthesephase)** (Abb. 4.1). Dabei werden bei üblichen PCR-Protokollen 30 Zyklen durchlaufen.

So kann im Idealfall in jedem Zyklus die Zielsequenz verdoppelt werden (2, 4, 8, 16, 32, 64, 128, 256, 512 usw.), also ähnlich wie die in Kap. 1 vorgestellte Vermehrung von Bakterien, nur dass die **PCR** schneller ist. Während Bakterien ca. 30 min für die Teilung brauchen, dauert ein vollständiger Zyklus, bei der PCR-Fragmente verdoppelt werden, gewöhnlich nur 2 min. Ähnlich wie beim Bakterienwachstum gibt es aber auch hier Hemmfaktoren. Die **PCR-Effizienz** steht dafür, wie effizient die Zielsequenz in jedem Zyklus verdoppelt wird. Ideal wären 100 % (2, 4, 8, 16), meist ist die PCR-Effizienz aber etwas niedriger. Trotzdem ist die resultierende Anzahl von Kopien eines bestimmten DNA-Fragments so groß, dass initial wenig Moleküle nachgewiesen werden können.

Der Nachweis der **Zielsequenz** (Visualisierung) erfolgt entweder klassisch über eine **Agarosegelelektrophorese** oder bei der **Real-time-PCR** während der Reaktion. Bei der Gelelektrophorese werden die PCR-Produkte anschließend in ein Gel gegeben und dort unter Anlegung einer elektrischen Spannung auftrennt (Vogel 2020). Aufgrund der Porengröße des Gels wandern große Fragmente langsamer als kleine Fragmente, womit sich eine Trennung der im Reaktionsgemisch befindlichen Nukleinsäuren erreicht wird. Für einen Nachweis in einem

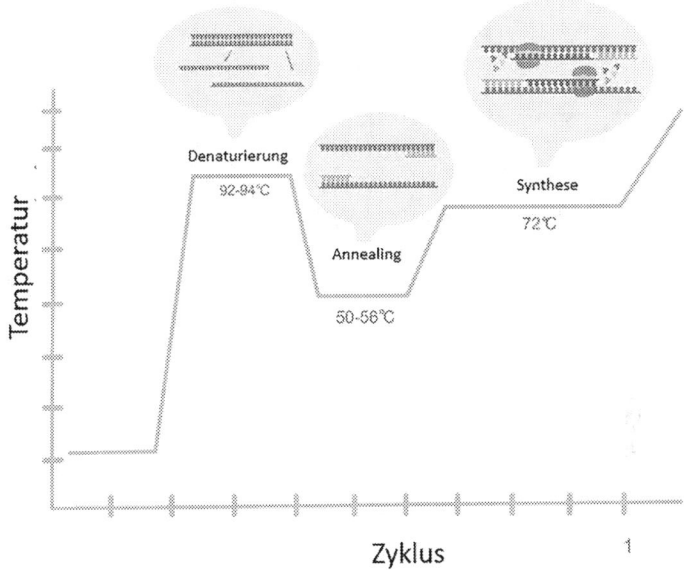

Abb. 4.1 Temperaturprofil von einem PCR-Zyklus und molekulare Ereignisse. (Quelle: Adobe Stock, Dateinr.: 497410137, modifiziert)

Agarosegel mit **Ethidiumbromid-Färbung** sind in Abhängigkeit von der Größe (Basenzahl) der Zielsequenz ca. 10.000 - 20.000 Moleküle notwendig.

Sofern eine bestimmte **Zielsequenz** in der Probe vorhanden ist und in der **PCR** vermehrt wurde, zeigt sich z. B. ein Bild wie in Abb. 4.2. Die hellen horizontalen Stellen im oberen Bildbereich sind die Taschen, in denen die PCR-Produkte aufgetragen wurden, d. h. es gibt mehrere vertikale Bahnen, in denen sich PCR-Produkte zeigen können. Um die Größe einschätzen zu können, werden sog. **DNA-Marker** (in Abb. 3.2 zwei Mal, von links nach rechts jeweils nach ca. 1/3 des Gels) mit aufgetragen, die jeweils eine definierte Basenanzahl haben (z. B. ganz unten 100 bp, darüber 200 bp, usw.). Daneben oder dazwischen werden die PCR-Produkte aufgetragen. Die meisten „Spuren" (in denen die verschiedenen Proben des gleichen Untersuchungsgangs aufgetragen wurden) zeigen ein DNA-Fragment. Sofern dies der Größe der Zielsequenz entspricht (die bekannt ist), ist der Nachweis positiv. Sofern kein PCR-Fragment vorhanden ist, ist der Nachweis negativ. Standard bei diesem Nachweis sind zusätzlich

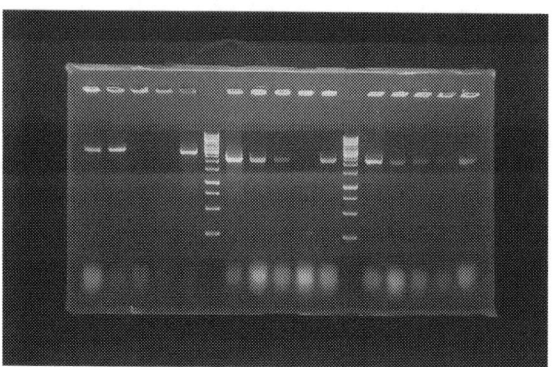

Abb. 4.2 Aussehen von PCR-Ergebnissen nach gelelektrophoretischer Auftrennung im Agarosegel und Ethidiumbromid-Färbung. (Quelle: Adobe Stock, Dateinr.: 378061821)

Positiv- und **Negativkontrollen,** über die bewertet wird, ob der PCR-Durchlauf funktioniert hat.

Im Gegensatz zur **klassischen PCR,** bei der die PCR-Produkte mittels **Agarosegelelektrophorese** zur Visualisierung getrennt und gefärbt werden müssen (=arbeitsaufwendig), erfolgt die Visualisierung des PCR-Fortschritts bei der **Real-time PCR,** wie der Name schon sagt, in Echtzeit. Es gibt verschiedene Prinzipien, von unspezifischen Substanzen, die an doppelsträngige DNA binden und ihre Fluoreszenz erhöhen bis zu sequenzspezifischen Sonden. Beim letzteren befinden sich zusätzliche mit Fluoreszenz-Farbstoffen gekoppelte Oligonukleotide (sog. TaqMan®-Sonden) im Reaktionsgemisch, die an die Einzelstränge der Zielsequenz (zwischen den Primer-Bindungsstellen) binden und von der *Taq*-Polymerase zerschnitten werden, sobald diese auf die Sonde trifft. Bei intakten Sonden wird die Fluoreszenz durch sog. Quencher unterdrückt (Mackay 2004). Gespaltene Sonden emittieren dann nach Anregung mit Lasern Licht einer bestimmten Wellenlänge. Dieses wird vom Detektor gemessen. Je mehr DNA sich bildet, desto stärker ist das **Fluoreszenzsignal.** Dieses wird als Kurve dargestellt. Sofern ein bestimmter Grenzwert (sog. C_t-Wert, von Threshold Cycle, der Punkt and dem die Kurve sehr steil wird und die PCR-Produkte sich exponentiell vermehren) erreicht wird, ist das Ergebnis der Probe positiv. Sofern das Fluoreszenz-Signal über viele PCR-Zyklen (z. B. min. 30) gering bleibt, zeigt dies, dass sich keine DNA bildet und dementsprechend keine **target-DNA** in der Probe vorhanden ist. Bei Fortschreiten der Reaktion stellt sich irgendwann

Amplifikation

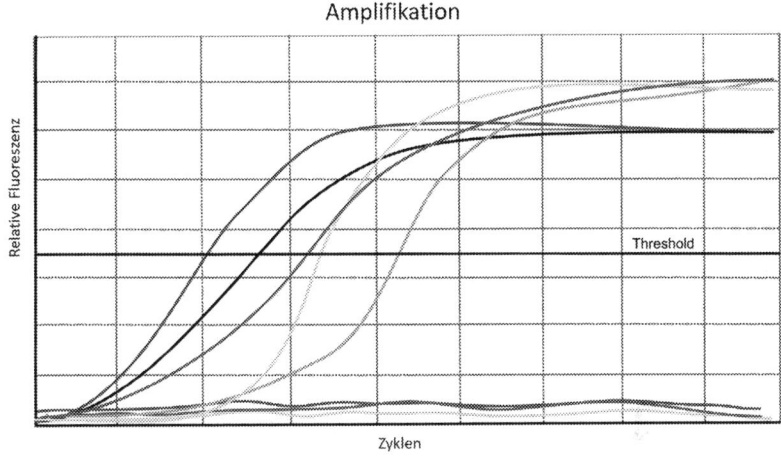

Abb. 4.3 Beispiel für ein Ergebnis einer Real-time PCR. (Quelle: Adobe Stock, Dateinr.: 533190923, modifiziert)

ein Plateau (**Sättigung**) ein, da so viel DNA gebildet wurde, dass die Reaktion gestört wird (z. B. über Abbauprodukte, Verbrauch von Nukleotiden) (Abb. 4.3). Die großen Vorteile der **Real-time PCR** sind die Sensitivität sowie die Zeiteinsparung, da keine weitere Auftrennung und Färbung der Proben notwendig sind, ein geringeres Risiko für **Kreuzkontaminationen** im Labor (da die Reaktionsgefäße mit großen DNA-Mengen geschlossen bleiben und anschließend entsorgt werden) sowie bei Verwendung von Standards eine mögliche **Quantifizierung** der initialen DNA-Menge. Der letzte Punkt spielt hier aber keine Rolle, da es nur um die Identifizierung von **Bakterienarten** und nicht um die Mengenbestimmung geht.

Gene für den Nachweis per **PCR** variieren von spezifischen **Virulenzgenen** bis hin zur **16S rRNA-Sequenzen** (ribosomale RNA) oder einer Kombination von verschiedenen Gensequenzen. Die 16S rRNA ist ein Teil der bakteriellen Ribosomen (die einen Komplex aus Proteinuntereinheiten und rRNA darstellen). Diese Ribosomen sind für die Synthese von Proteinen anhand der genetischen Information zuständig. Die 16S rRNA-Sequenz besteht aus hochkonservierten (d. h. Sequenzbereichen, die zwischen verschiedenen Arten und Gruppen sehr ähnlich ist) und variablen Bereichen, die für die Identifizierung genutzt werden können. Ein Beispiel für den Einsatz in der **medizinischen Diagnostik** über Virulenzgene

ist der Nachweis von pathogenen **E. coli**-Stämmen. Wie wir in Kap. 1 kennengelernt haben, ist *E. coli* gewöhnlicherweise ein harmloses Darmbakterium. Einige
Stämme dieses Bakteriums können auch schwere Erkrankungen auslösen, wie
z. B. **EHEC,** welches in Deutschland vor allem im Jahr 2011 einen großen
Ausbruch verursachte (Vogel und Schaub 2021b). Die Erkrankung wird durch
bestimmte **bakterielle Toxine** (Shigatoxin, Verotoxin) verursacht. Bei klinischem
Verdacht empfiehlt das Robert-Koch-Institut den Nachweis der Toxingene aus
angereicherten Koloniematerial der verdächtigen Probe mittels **PCR** (RKI 2011).
In der **Lebensmittelanalytik** kann die PCR auch vielfältig eingesetzt werden,
z. B. zum schnellen Nachweis von pathogenen Organismen wie Salmonellen oder
Listerien (LADR 2023).

4.2   Loop-mediated isothermal amplification (LAMP)

Ein im Vergleich zur **PCR** recht neues molekularbiologische Verfahren zur
Identifizierung ist die sog. loop-mediated isothermal amplification (**LAMP,** auf
Deutsch schleifenvermittelte isothermale Amplifikation). Dieses Verfahren wurde
kurz vor der Jahrtausendwende von der japanischen Firma Eiken Chemicals entwickelt (Notomi et al. 2000; Soroka et al. 2021) und hat sich im letzten Jahrzehnt
immer weiter durchgesetzt, auch wenn die PCR aufgrund des Zeitvorteils von
ca. 2 Jahrzehnten in deutlich mehr Laboren eingesetzt wird und häufig den **Gold-
standard** darstellt. Der Erstautor dieses *essentials* hat selbst mehrere LAMPs
entwickelt und man kann sagen, dass dies wirklich eine phänomenale Technik
ist, auch wenn die Entwicklung durchschnittlich aufwendiger als bei einer PCR
ist. Der Unterschied zur PCR ist, dass nicht distinkte **DNA-Fragmente** vermehrt,
getrennt, wieder vermehrt, wieder getrennt usw. werden, sondern dass es sich bei
der Amplifikation um eine dauerhaft wachsende **DNA-Kette** handelt, die wiederholt die vermehrte Zielsequenz enthält. Im Vergleich zur PCR wird so 10-mal
mehr DNA innerhalb einer Reaktionszeit von einer Stunde generiert.

Das Grundprinzip der **LAMP** kann auch durch die **Zielsequenz** und die
verwendeten Primer dargestellt werden, allerdings kommen hier 4 verschiedene
Primer zum Einsatz, die zudem an 6 Stellen binden können (Notomi et al. 2000)
(Abb. 3.4). Das klingt erst mal sehr verwirrend. In der Tat sind die moleku-
laren Prozesse der Bildung des **LAMP-Produkts** um einiges komplizierter als
bei der PCR, die Methode ist aber im Labor sogar einfacher auszuführen. Die
LAMP verläuft bei einer gleichbleibenden Temperatur (isothermal) bei 60–65°C.
Man gibt genauso wie bei der **PCR genomische DNA** (doppelsträngig) als sog.
Template zur Reaktion, um die Zielsequenz zu vervielfältigen. Wie schaffen es

jetzt die Primer an die Zielsequenz zu binden, ohne dass die DNA mit Hitze denaturiert wird, wie es bei der PCR üblich ist? Die DNA ist bei der Reaktionstemperatur **semi-stabil**, d. h. der DNA-Strang ist überwiegend doppelsträngig, durch die thermische Energie lösen sich aber ständig kürzere Bereiche voneinander. In diesem Moment binden die Primer, die sich im Überschuss befinden, an die Zielsequenz. Wichtig ist, dass die inneren Primer zuerst an die Zielsequenz binden. Das wird dadurch erreicht, in dem diese mit einer höheren Konzentration zugegeben werden als die äußeren Primer. Durch dieses molekulare Ereignis wird die LAMP-Reaktion und damit die Vervielfältigung der Zielsequenz gestartet.

Ausgehend von diesem kurzen doppelsträngigen Stück beginnt nun die DNA-Polymerase, die ***Bst*-Polymerase,** das einzelsträngige Ende aufzufüllen, ähnlich wie bei der **PCR**. Die Bezeichnung der Polymerasen für molekularbiologische Zwecke leitet sich von dem Bakterium ab, aus dem die Enzyme stammen. Bei der normalen PCR wird bspw. die ***Taq*-Polymerase** eingesetzt, die aus dem Bakterium *Thermus aquaticus* stammt. Die *Bst*-Polymerase stammt dagegen aus *Bacillus stearothermophilus*. Die *Bst*-Polymerase hat eine wichtige Eigenschaft, die sie von der *Taq*-Polymerase unterscheidet. Sofern die *Bst*-Polymerase bei der Synthese eines Doppelstrangs selbst auf doppelsträngige DNA trifft, löst sie diese auf, aber zerschneidet diese nicht wie es die *Taq*-Polymerase (hier 3'-5' Exonuclease-Tätigkeit) macht. Diese Eigenschaft der *Bst*-Polymerase ist von zentraler Bedeutung für eine erfolgreiche **LAMP-Reaktion** (Soroka et al. 2021).

Jetzt würde in dieser Konstellation nicht mehr passieren, als dass die ***Bst*-Polymerase** auf dem DNA-template weiter polymerisiert bis der DNA-Strang zu Ende ist. Der Clou ist jetzt, dass die äußeren Primer später an das **DNA-template** binden und von hier ausgehend die *Bst*-Polymerase den Einzelstrang ebenfalls zum Doppelstrang auffüllt. Sobald die Polymerase an die Stelle gelangt, an dem der innere Primer gebunden hatte und von der ersten *Bst*-Polymerase verlängert wurde, beginnt die zweite *Bst*-Polymerase, den ersten DNA-Strang zu verdrängen, also freizusetzen.

Dieser freigesetzte DNA-Einzelstrang faltet sich auf sich selbst zurück, da das Ende des Primers, welches nicht gebunden hat (freistehendes Ende in Abb. 4.4), komplementär zu einem stromabwärts gelegenen Bereich der DNA ist. Hierdurch bildet sich irgendwann (das ist kein aktiver Prozess und beruht darauf, dass sich DNA in Flüssigkeit aufgrund der **Brownschen Molekularbewegung** wie ein Wurm windet, wobei die komplementären Stellen sich irgendwann zufällig treffen) eine **Schleife**. Am Ende der einzelsträngigen Schleife ist wieder ein freies doppelsträngiges DNA-Stück vorhanden, dass von der ***Bst*-Polymerase** aufgefüllt wird. Wie kommt es nun zur Entstehung einer langen Kette mit vielen Wiederholungen der zu amplifizierenden **Zielsequenz?**

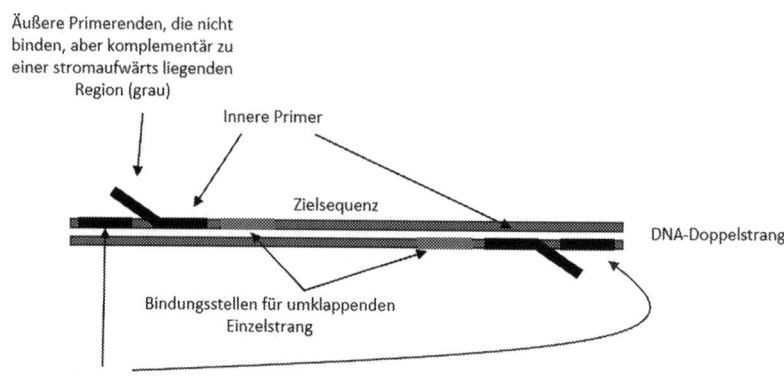

Äußere Primerenden, die nicht
binden, aber komplementär zu
einer stromaufwärts liegenden
Region (grau)

Innere Primer

Zielsequenz

DNA-Doppelstrang

Bindungsstellen für umklappenden
Einzelstrang

Äußere Primer

Abb. 4.4 Lokalisation und Orientierung der Primer auf der Zielsequenz bei der LAMP

Da die **Schleife** (die einzelsträngig ist) auch wieder eine Primerbindungsstelle hat, setzt der Prozess erneut ein. Ein Primer bindet, die *Bst*-**Polymerase** füllt die Schleife zum Doppelstrang auf, bis sie auf den doppelsträngigen Bereich trifft, häkelt diesen wieder auf, sodass ein Einzelstrang (der die **Zielsequenz** enthält) freigesetzt wird, durch die zufällige Bewegung der Moleküle in Lösung klappt das Ende wieder um, wird wieder aufgefüllt, wobei jetzt zwei Mal die Zielsequenz hintereinander vorliegt. Dieses „Spielchen" geht weiter, bis man die Reaktion stoppt.

Hui, diese Erklärung ist sicherlich für den Laien, aber selbst für **PCR**-Veteranen harter Tobak. Im Ernst, als ich früher die **LAMP** entwickelt habe, habe ich die genauen molekularen Schritte auch immer wieder gelernt, sie vergessen, wieder gelernt usw. Um ein einmaliges gutes Verständnis dafür zu bekommen, was bei der Reaktion auf molekularer Ebene abläuft, empfiehlt sich die Durchsicht der grafischen Darstellung in der Ursprungspublikation (Notomit et al. 2000).

Die **molekularen Grundlagen** einer LAMP sind somit um ein Vielfaches schwieriger als die PCR. Interessant ist aber, dass die Durchführung selbst wesentlich einfacher verläuft. Man benötigt keine **Thermocycler** wie bei der PCR, ein einfaches Wasserbad mit präziser Temperaturregulation ist ausreichend. Man steckt die PCR-tubes einfach in einen Schwimmer und legt diesen in das Wasserbad (obwohl die Reaktion im PCR-Cycler mit einer Temperatur von 65 °C angenehmer ist). Nach einer Stunde ist die Reaktion fertig. Im nächsten Schritt muss nur der Nachweis erbracht werden, ob DNA vermehrt wurde.

Kommen wir jetzt zur Visualisierung der Reaktion. Bei der **PCR** haben wir die **Agarosegelelektrophorese** und die **Real-time PCR** mittels Fluoreszenz kennengelernt. Die Agarosegelelektrophorese mit Ethidiumbromid-Färbung kann auch zur Visualisierung der **LAMP-Produkte** eingesetzt werden, nur dass sich bei positiver Reaktion keine konkrete Bande zeigt, sondern ein Bandenmuster, das dem der DNA-Leiter (wie in Abb. 4.2 dargestellt) entspricht, da die LAMP-Reaktion auf dem originalen DNA-template immer wieder gestartet wird und sich dadurch Reaktionsprodukte ergeben, die sich in ihrer Größe in einer Kopie der **Zielsequenz** unterscheiden (z. B. bei einer Zielsequenz von 300 bp entstehen Produkte von 300 bp, 600 bp, 900 bp, 1200 bp usw.). Negative Ansätze zeigen dagegen keine Fluoreszenz.

Die **LAMP-Reaktion** erzeugt sogar so viel **DNA,** dass die Tubes direkt gefärbt werden können, durch Zugabe von Ethidiumbromid in das Tube und Auflegen des Tubes auf einen UV-Tisch (Soroka et al. 2021), wobei sich die Güte der Bewertung (positiv vs. negativ) je nach Test unterscheidet. Allerdings entstehen bei der **LAMP** auch bestimmte Nebenprodukte (Pyrophosphate), die mit anderen Ionen reagieren und eine zunehmende Trübung der Reaktionslösung verursachen, was photometrisch (übliche 96-well Plattenphotometer) bzw. turbidometrisch nachgewiesen werden kann. Dies kann auch in Echtzeit, also ähnlich wie bei der **Real-time PCR,** mithilfe von sog. **Turbidometern** erfasst werden (Wong et al. 2018), die vom Hersteller vertrieben werden (im europäischen Raum über MAST Diagnostica in Reinfeld) und die die Trübung der Reaktionen während der Inkubation bei 60–65°C in kurzen Abständen messen. Grafisch dargestellt und über einen **Grenzwert** berechnet (ähnlich wie der C_t-Wert der Real-time PCR), können so negative von positiven Reaktionen unterscheiden werden.

Die Natur der **LAMP-Produkte** beschränkt diese Technik überwiegend auf den diagnostischen Bereich, da die Produkte nicht so einfach wie **PCR-Produkte** weiter für Experimente verwendet werden können. Z. B. lassen sich PCR-Produkte direkt ligieren (in Plasmide inserieren) oder modifizieren. Allerdings gibt es bereits kommerzielle Kits für spezifische Erreger-Nachweise (auch für Viren und Parasiten) mittels **LAMP-Technologie** (Eiken Chemicals 2023) sowie publizierte Nachweismethoden für ein breites Spektrum von Bakterien, wie z. B. für *Clostridium botulinum, Staphylococcus aureus* oder Streptococcen der Gruppe A (Chen et al. 2021; Long et al. 2022; Toptan et al. 2022). Der Vorteil bei der Verwendung dieser Kits ist, dass keine eigene zeitaufwendige Entwicklungsarbeit mehr notwendig ist. Es muss lediglich die DNA bzw. RNA der zu untersuchende Probe isoliert und zugefügt werden. Allerdings sind die Kosten pro Reaktion höher. Bezüglich der Kennwerte, über die diagnostische Methoden bewertet werden (siehe Abschn. 5.2 **D-SP** und **D-SN**), erreicht die LAMP häufig „Bestmarken", da sie aufgrund der höheren Anzahl von Bereichen, die komplementär zu den Primern sind, sehr spezifisch ist. Die LAMP ist somit eine echte Alternative zur PCR im diagnostischen Bereich und wird sich in Zukunft mehr und mehr durchsetzen und die PCR als **Standard-Verfahren** ergänzen.

4.3 Andere molekularbiologischen Methoden

Die **PCR** ergibt ein DNA-Fragment definierter Größe, dessen Sequenz aber unbekannt ist. Im schlimmsten Fall könnte das auch aus einer anderen Bakterienart stammen, sofern die Primerbindungsstellen ähnlich sind und somit ein **falsch positives Ergebnis** erzeugen. Diese Eigenschaft wird bei der Entwicklung und **Validierung** von Methoden überprüft, mittels Bioinformatik durch Vergleich der Primersequenzen mit Datenbanken, die alle bekannten DNA-Nukleinsäuren enthalten und experimentell im Labor, z. B. durch den Nachweis, dass andere artverwandte oder häufig in der Probe vorkommenden Bakterien negativ bleiben.

Eine spezifischere Methode, wenn auch aufwendiger und teurer, ist die **DNA-Sequenzierung.** Aufgrund des begrenzten Umfangs dieses *essentials* kann das Prinzip der DNA-Sequenzierung nicht komplett vorgestellt werden, ein paar Unterschiede reichen zum Verständnis aber bereits aus. Bei der DNA-Sequenzierung (hier sog. Kettenabbruchmethode oder Sanger Sequenzierung) werden ebenfalls spezifische Genabschnitte in einer **PCR** gebildet, wobei die 4 verschiedenen Basen zusätzlich auch als Kombinations-Moleküle mit jeweils einem unterschiedlichen Fluoreszenz-Marker zur PCR-Reaktion hinzugegeben werden. Immer wenn eines dieser Moleküle in die Sequenz eingebaut wird, geht es nicht mehr weiter mit der Kettenverlängerung. Die verschieden langen DNA-Fragmente werden über eine **Kapillargelelektrophorese** ihrer Länge nach aufgetrennt und mittels der unterschiedlichen Fluoreszenzsignale am Ende jedes Fragments die **Basensequenz** ermittelt. Dadurch erhält man je nach Methode ein oder mehrere DNA-Fragmente von z. B. 400 Basenpaaren (bei voller 16S rRNA-Sequenzierung wären es ca. 1500 bp), die mit Datenbanksequenzen verglichen werden. Obwohl dies nur ein verschwindend geringer Teil aus dem gesamten *Genom* (bei *E. coli* sind 400 bp ca. ein 10.000 stel des Gesamtgenoms) eines Bakteriums darstellt, reicht dies schon aus, um die Übereinstimmung mit dem Genom bestimmter Bakterienarten mit hoher Wahrscheinlichkeit nachzuweisen. Die DNA-Sequenzierung der bereits in Abschn. 3.1 erwähnten **16S rRNA** wird zum Beispiel vom RKI zur Identifizierung von **multiresistenten Staphylococcen,** sog. MRSA (**M**ethicillin-**r**esistenter *Staphylococcus aureus*-Stämmen), empfohlen (RKI 2016).

MALDI-TOF MS, Schnelltests und Rapid microbiological detection systems

5

5.1 MALDI-TOF MS

Eine noch neuere Methode (verglichen mit der PCR) ist die Identifizierung von Bakterien mittels **Massenspektrometrie.** Die Methode wird als **MALDI-TOF MS** (**M**atrix-**a**ssisted **L**aser **D**esorption/**I**onisation-**T**ime **o**f **F**light **M**ass **S**pectrometry) bezeichnet. Hierbei wird das Muster von Fragmenten von **Proteinen** analysiert. Es gibt diverse kommerzielle Systeme auf dem Markt, welche in zahlreichen Laboren etabliert sind zur Anwendung kommen (Duan und Wang 2022), darunter z. B. das Vitek® MS der Firma bioMerieux und der MALDI Biotyper® der Firma Bruker Daltonics. Im direkten Vergleich der Systeme der beiden Firmen schneiden beide exzellent ab, mit jeweils kleineren Vorteilen bei bestimmten Aspekten (Lévesque et al. 2015; Thelen et al. 2023), wobei sie neben anderen kommerziellen Systemen auch für den Nachweis von Pilzen geeignet sind (Choi et al. 2022).

Grundprinzip der Methode: Koloniematerial eines isolierten Bakteriums wird direkt von der Agarplatte auf ein sog. **Target** (Edelstahl bzw. beschichtete kleine Platte) gebracht und durch Zugabe einer Matrix kristallisiert. Das Target wird in ein Hochvakuum gebracht und durch Laserbeschuss ionisiert (Matrix-assisted Laser Desorption/Ionization). Die aus der auf dem Target liegenden Schicht herausgebrochenen, ionisierten Moleküle werden im Vakuum beschleunigt und erreichen einen Detektor (Massenspektrometer), an dem die Flugzeit (Time of Flight) gemessen wird (Abb. 5.1). Durch Analyse verschiedener Proteinfragmente ergibt sich hieraus ein Muster, welches charakteristisch für einzelne Bakterienarten oder -unterarten ist. Das **MALDI-TOF MS**-System verfügt über eine Datenbank mit hinterlegten **Referenzspektren,** die mit dem Ergebnis der Probe verglichen werden und darüber die Art identifiziert werden kann.

© Der/die Autor(en), exklusiv lizenziert an Springer-Verlag GmbH, DE, ein Teil von Springer Nature 2024
P. U. B. Vogel und J. Borrelli, *Identifizierung von Bakterien*, essentials,
https://doi.org/10.1007/978-3-662-68771-0_5

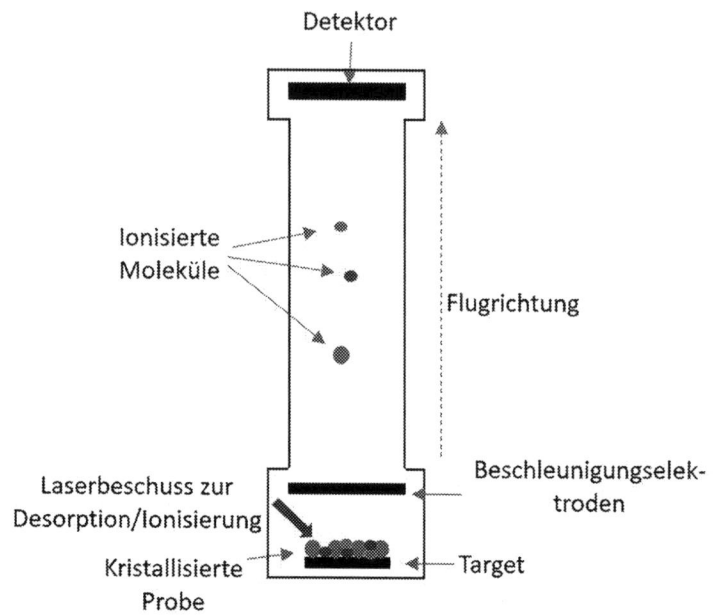

Abb. 5.1 Prinzip der MALDI-TOF MS-Messung

Da die Programme aber mit Algorithmen arbeiten und auch stammspezifische Eigenarten sowie die manuelle **Probenvorbereitung** (Dicke der aufgetragenen Schicht, Alter der Kolonie) einen leichten Einfluss auf das Analyseergebnis haben können, gibt es dabei keine schwarz/weiß-Antwort. Das Ergebnis wird als Score ausgedrückt, der bestimmte Werte annehmen kann und farblich dargestellt wird. Sofern das Spektrum der Probe sehr ähnlich zu einem der **Referenzspektren** ist (score ≥ 2,0), wird das Ergebnis grün hinterlegt (erfolgreiche Spezies-Identifizierung) (Schubert und Wieser 2010), bei weniger guten Übereinstimmungen wird das Ergebnis Gelb hinterlegt (keine sichere Spezies-Identifizierung) und sofern das Ergebnis mit keinem der Referenzspektren aus der Datenbank gut übereinstimmt, wird das Ergebnis rot unterlegt (keine Identifizierung möglich).

Beim MALDI Biotyper® z. B. basiert der Nachweis überwiegend auf **ribosomalen Proteinen.** Diese benötigen Bakterien, um ihre DNA zu verdoppeln. Die Bakterien haben keinen Zellkern wie unsere Körperzellen und vermehren ihre DNA durch freie **Ribosomen** (siehe Kap. 1). Ribosomen stellen wiederum komplexe Apparate, bestehend aus verschiedenen Proteinen und Proteinuntereinheiten und assoziierter RNA dar. Diese Komplexe unterscheiden sich (trotz gleicher Funktion) geringfügig in der Größe (Anzahl von Aminosäuren), der Sequenz (genaue Aminosäurenabfolge) und anderen Eigenschaften wie der Faltung. Diese Unterschiede führen zu Masseunterschieden, welche die Basis der Differenzierung verschiedener Bakterien mittels **MALDI-TOF MS** darstellt. Für die Analyse ist es wie beim **API** notwendig, ausreichend Probenmaterial wie Kolonien zu verwenden (Froböse et al. 2021). Alternativ können z. B. angereicherte Proben wie z. B. Blutkulturen verwendet werden, es sollte aber eine ausreichend hohe Keimdichte (10^8 Keime pro ml) vorliegen (Duan und Wang 2022).

Die Datenbanken enthalten bereits eine große Zahl von Referenzspektren enthalten, soll aber nicht heißen, dass man ein **Bakterium** „reintut" und das System sofort weiß, um welches Bakterium es sich handelt. In verschiedenen Regionen und Bereichen haben sich die Stämme oder Linien der gleichen Bakterienart trotzdem genetisch leicht voneinander entfernt, was dann Unterschiede der Sequenzabfolge und -zusammensetzung der gemessenen Proteine haben kann. Zum Beispiel kann sich die Hausflora von Arten, die in pharmazeutischen Reinräumen gefunden werden, zwischen zwei Unternehmen, die auf dem gleichen Campus arbeiten, völlig unterscheiden, auch wenn gewöhnlich in Reinräumen **grampositive Bakterien** dominieren. Dieses Phänomen, dass z. B. verschiedenste *Staphylococcus*-Arten in der Datenbank der **Referenzmuster** hinterlegt sind, aber die eigens isolierte *Staphylococcus*-Art Probleme bei der Identifizierung bereitet, kann man durch Anlegen und Erweiterung einer hausinternen Datenbank lösen.

Allerdings kann ein neues Isolat nicht einfach so in die **Datenbank** eingegeben werden, nur weil keine gute Übereinstimmung zu bereits gespeicherten **Referenzspektren** besteht. Man muss sicher sein, dass das Isolat, welches hinterlegt wird, auch wirklich die Bakterienart ist. Wenn z. B. ein *Staphylococcus epidermidis*-Isolat kein aussagekräftiges Ergebnis ergibt, könnte das Isolat-Muster in der Datenbank hinterlegt werden, um in der Folge bei erneutem Auftreten ein positives Ergebnis erhalten zu können. Da es dadurch den Status einer „Referenz" erhält (die in der Folge nicht mehr angezweifelt werden würde), empfiehlt sich eine kombinierte Analyse des Isolats. Sofern z. B. die Kulturmorphologie stimmig ist, sich in der **Gramfärbung** grampositive Kokken zeigen und sowohl mit API als auch PCR die Echtheit der Identität verifiziert wird, ist man auf der sicheren Seite, wobei der Umfang der Charakterisierung auch wieder eine Kostenfrage ist.

Die Durchführung der Messung ist recht einfach. Die einzelnen Targets sind barkodiert. In der Software werden die Proben, die zur Messung anstehen, tabellarisch eingetragen. Die Überschichtung der aufgetragenen Probe mit **Matrix** kann manuell oder automatisch mithilfe eines Probenvorbereitungsgeräts erfolgen. Nach Trocknung wird das Target in die Halterung des **MALDI-TOF MS** eingegeben und die Messung gestartet, ggfs. vorher noch die gleichmäßige Kristallisation der Proben optisch mit Hilfe einer CCD-Kamera überprüft. Die Messung jedes Spots (jeder Probe) ist eine Sache von wenigen Sekunden, genauso wie die Ergebnisse, die zügig ausgegeben werden.

5.2   Schnelltest auf Streptococcen, Gruppe A

In einigen Fällen ist ein ausführlicher Untersuchungsgang nicht notwendig. Wenn z. B. ein klinischer Verdachtsfall vorliegt und schnell eine Entscheidung getroffen werden soll, wie weiter zu verfahren ist, z. B. eine Behandlung mit **Antibiotika** in Erwägung zu ziehen. Hier können **Schnelltests** direkt vor Ort (**Point-of-Care**) durchgeführt werden, um Zeit zu sparen.

Als Beispiel nehmen wir die bereits erwähnten Streptococcen. Dies sind **grampositive Bakterien** und gehören zur Familie der *Streptococcaceae* (Milchsäurebakterien), die gewöhnlich eine runde (kokkoide) Zellform aufweisen (siehe Kap. 1). Der Name der Familie kommt von der Eigenschaft, dass sich nach der Zellteilung teils längere Ketten von aneinanderhaftenden Bakterien bildet, dass mikroskopisch dem Aussehen einer Perlenkette gleicht. Streptococcen kommen als friedliche Rachen- und Darmbewohner, aber auch als **Krankheitserreger** vor. Typisch im Kindesalter sind häufig Infektionen der oberen Atemwege. Die Arten der Lancefield Gruppe A (sog. **Gruppe A Streptococcen,** am häufigsten durch *Streptococcus pyogenes*) verursachen die Kinderkrankheit **Scharlach,** von der meist jüngere Kinder betroffen sind (Pardo und Perera 2023). Solche Infektionen können selbstlimitierend verlaufen, aber auch bei chronischem Verlauf diverse Folgeschäden verursachen. Außerdem ist die Infektionskrankheit zwischen Kindern leicht übertragbar. Aus diesem Grund werden bestätigte Infektionen mit **Antibiotika** (z. B. Penicillin) behandelt, um weitere Infektionen zu vermeiden und sicherzustellen, dass die Bakterien nach Abklingen der Krankheitssymptome vollständig eliminiert werden. Zur raschen Bestätigung von Verdachtsfällen stehen sog. **Schnelltests** zur Verfügung.

Bei den **Schnelltests** wird Testreagenz in einem Gefäß vorbereitet. Nach Entnahme eines **Rachen-/Nasenabstrichs** wird das Tupferstäbchen für einige Male

Abb. 5.2 Beispiel für das
Ergebnis eines
Streptococcen Schnelltests.
(Quelle: Adobe Stock,
Dateinr.: 554854927,
modifiziert)

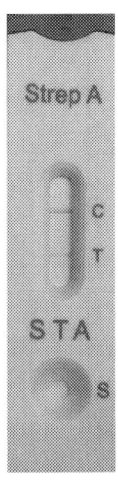

im Reagenz gedreht, um die enthaltenden Bakterien „herauszuwaschen". Es werden dann einige Tropfen in die Probenkammer des Teststreifens gegeben. Die Probe läuft in die Kassette ein. Je nach Test, wird das Ergebnis nach 5–15 min abgelesen. Auf Höhe des mit T-markierten Bereichs befinden sich in der Membran spezifische Antikörper gegen **Streptococcen-Antigen.** Sofern Streptococcen in der Probe sind, reagieren diese mit den Antikörpern, was Präzipitation genannt wird, und eine rote Farbe ergibt. Das C-Feld dient für die **Positivkontrolle** (Strep A Antigene, die mit der nächsten Antikörperlinie reagieren (Abb. 5.2).

In der Diagnostik gibt es zwei wichtige Parameter, die Aussagen über die **Zuverlässigkeit** erlauben (gilt ebenso für die zuvor vorgestellten Methoden). Das sind die **diagnostische Spezifität und Sensitivität.** Die diagnostische Spezifität ist ein Maß, wie spezifisch der Test nur **Streptococcen** nachweist. Andere Bakterien können potenziell mit den Antikörpern kreuzreagieren und ein positives Resultat vortäuschen. Ein Wert von 100 % **D-SP** gibt an, dass der Test sehr spezifisch ist, d. h. kein anderes bei der Validierung des Tests eingesetztes Bakterium ein positives Ergebnis erzielt hat. Allerdings sind Werte von 100 % nicht über jeden Zweifel erhaben, da bei der Testentwicklung und -validierung nie alle Bakterienisolate getestet werden können, sondern nur eine repräsentative Anzahl von anderen Bakterienarten und -isolaten.

Der zweite Parameter, die **diagnostische Sensitivität (D-SN),** zeigt die Anzahl von **Streptococcus-Isolaten** an, die mit dem Test zuverlässig nachgewiesen werden. Sofern bei der Testentwicklung 50 Streptococcen-Isolate eingesetzt werden und 49 ein positives Ergebnis erbringen, dann hat der Test eine diagnostische Sensitivität von 98 %. Häufig sind bei Schnelltests die Werte niedriger, je nach Schnelltest auch zwischen 50–80 % möglich, allerdings bei den in diesem Abschnitt vorgestellten Streptococcen-**Schnelltests** doch höher (Stürenburg und Junker 2009; Gentilotti et al. 2022). Deswegen kann man festhalten, dass man sich die Schnelligkeit der Befundung in wenigen Minuten mit leichten Schwächen bei der Zuverlässigkeit erkauft, was bei klinischem Verdacht absolut sinnvoll ist (Pardo und Perera 2023).

5.3   Mikrobiologische Schnellnachweise: Rapid microbial detection

Eine weitere Entwicklung stellen Methoden zum schnellen Nachweis des Vorhandenseins von Mikroorganismen dar, sog. **Rapid microbiological detection Systeme** (RADS) dar. Hier geht es primär nicht um die Identifizierung (die sich an den Nachweis anschließen würde), weswegen wir das Thema nur kurz skizzieren. Bei der industriellen Fertigung von z. B. Lebensmitteln oder Arzneimitteln sollte die Keimbelastung niedrig sein bzw. bestimmte Endprodukte frei von Mikroorganismen (steril) sein. Für die Bestätigung wird die **Keimbelastung** an verschiedenen Stellen des Herstellungsprozesses überprüft. Klassische Methoden (Wachstum von Kolonien auf Agarplatten) benötigen mehrere Tage bis zu einer Woche bis die finalen Ergebnisse vorliegen. Endproduktprüfungen von sterilen Arzneimitteln nach der Monographie 2.6.1 des **europäischen Arzneibuchs** dauern sogar mind. 2 Wochen.

Neuere Technologien bedienen sich einem ähnlichen technischen Ansatz (z. B. Filtration der Probe durch eine Membran und Inkubation der Membran auf Agarplatten oder in Bouillon), führen den Nachweis aber schneller, indem nach nur wenigen Stunden, also zu einem Zeitpunkt, an dem die Kolonien noch gar nicht sichtbar sind, diese entweder mit **Fluoreszenz** bzw. **Biolumineszenz** sichtbar gemacht werden (Meder et al. 2012). Diese schnellen Ergebnisse helfen, um z. B. entscheiden zu können, welche Teilmenge des Zwischenprodukts im Prozess weiterverarbeitet bzw. nachbehandelt wird oder verworfen werden sollte. Ein wichtiger Punkt vor dem Einsatz ist die Frage, ob die Technologie auf die jeweilige **Probenmatrix** angewendet werden kann. Sofern die Probe filtrierbar ist, wird bereits ein Teil möglicher **Störfaktoren** entfernt. Bei Proben, die aufgrund Ihrer Konsistenz oder Viskosität (z. B. ölige Proben) nicht filtrierbar sind, können diese Verfahren noch nicht angewendet werden.

Vergleich der Methoden zur Identifizierung von Bakterien und Ausblick

In diesem *essential* wurden Labormethoden vorgestellt, die eine **Identifizierung von Bakterien** ermöglichen. Es gibt verschiedene Techniken und Technologien, die auf bestimmte Eigenschaften abzielen. Neben morphologischen Aspekten (Form, Gramverhalten, Kolonieaussehen), die grob die Richtung weisen, gibt es spezifische Techniken, die entweder Proteine oder Nukleinsäuren nachweisen. Bei der Verwendung von Proteinen als Nachweisgrundlage gibt es die Unterscheidung zwischen **biochemischen Leistungen** (z. B. Farbumschlag auf Selektivnährböden, **API**), die nachgewiesen werden, bis zur Messung der **Masse** von konservierten Proteinen beim **MALDI-TOF MS**. Dagegen nutzt man bei molekularbiologischen Methoden wie bei der **PCR,** Unterschiede in der Basensequenz von Nukleinsäuren. Jede Methode hat Vor- und Nachteile.

Je nach Fragestellung stehen verschiedene Aspekte im Vordergrund: Zuverlässigkeit, Schnelligkeit, Kosten und Adaption auf neue Isolate. Bei einem wissenschaftlichen Projekt zur Bestimmung des Keimspektrums eines bestimmten biologischen Gewebes mag die Zeit (im Bereich von Tagen) für die Analyse kein entscheidender Vorteil sein, ggfs. sind hier Kostenaspekte wichtiger. Bei der **medizinischen Diagnostik** ist die Schnelligkeit der Analyse häufig wichtig. Die Zuverlässigkeit sollte unabhängig von der Fragestellung im Vordergrund stehen, allerdings macht man hier teilweise bei **Schnelltests** Abstriche. Zum Beispiel zeigen Schnelltests im Vergleich zu Standard-Methoden häufig eine verminderte **diagnostische Spezifität** und **Sensitivität.** Dieser Nachteil wird in Kauf genommen, da in einigen Fällen die Schnelligkeit oberste Priorität haben, z. B. um sofort mit einer Antibiotika-Therapie zu beginnen. Diese Tests können direkt vor Ort **(Point-of-care)** durchgeführt werden und man vermeidet den zeitaufwendigen Versand der Probe an spezialisierte Testlabore und den Zeitverzug, bis zum

P. U. B. Vogel und J. Borrelli, *Identifizierung von Bakterien*, essentials, https://doi.org/10.1007/978-3-662-68771-0_6

Ansetzen der Probe und Übermittlung der Ergebnisse. Im Gegensatz dazu werden bei vielen Fragestellungen Standard-Methoden (API, PCR oder MALDI-TOF MS) eingesetzt.

Für das Labor gibt es aber wesentliche Unterschiede. Die Durchführung eines **APIs** kann in **Mikrobiologie-Laboren** erfolgen, die über übliches Laborequipment verfügen. Im Gegensatz hierzu ist die Ausstattung für die Durchführung einer **PCR** deutlich teurer. Das liegt an den Geräten (Thermocycler für PCR, Zentrifugen für Aufarbeitung der Probe, ggfs. Apparaturen für Visualisierung der PCR-Produkte) und den Räumlichkeiten, die speziell auf eine Vermeidung von **Kreuzkontaminationen** ausgelegt sein sollten und üblicherweise verschiedene Räumen (oder isolierte Arbeitsbereiche) für spezifische Teilschritte beinhaltet. Im Gegensatz hierzu ist eine mögliche Kreuzkontamination bei APIs nicht so relevant. Es sollte ebenfalls sauber gearbeitet werden, geringste Kontamination der Probe mit anderen Bakterien hat aber keine so dramatischen Auswirkungen wie bei der PCR, bei der jede Nukleinsäure sehr oft vermehrt wird und somit bei geringfügigen Kontaminationen des Reaktionsansatzes mit **DNA** aus vorherigen Analysen oder anderen Proben **falsch positive Resultate** verursachen kann.

Als Vorteil einer **PCR** zeigt sich oft, dass das resultierende Ergebnis häufig eindeutig ist, d. h. man erhält ein dichotomes Resultat (positiv bzw. negativ), während **APIs** in Abhängigkeit von Variationen bei der Testdurchführung bzw. stammspezifischen Eigenheiten eines Isolats auch mehrdeutige Ergebnisse (z. B. Wahrscheinlichkeit der Richtigkeit: 75 %) resultieren können und die Ergebnisse durch andere, weiterführende Laboranalysen abgesichert werden müssen. Die **LAMP** bietet hier die Vorteile von klassischen Nachweismethoden, da in der Standard-Version keine teuren Laborgeräte notwendig sind, ein Wasserbad und ein UV-Tisch sind im einfachsten Fall ausreichend. Die PCR bietet dagegen aber wiederum den Vorteil, dass sie als **Hochdurchsatzverfahren** eine große Menge von Proben prozessiert werden können, ohne dass sich die Zeit für die Probenvorbereitung linear kumuliert. Es gibt Systeme mit denen 96 oder 384 Proben an einem Tag analysiert werden können, eine Zahl, die beim **API** schwierig ist, da hier jede Probe auf einem einzelnen Teststreifen geprüft wird. Auf der anderen Seite belegen Methoden, die eine vorherige Kultivierung erforderlich machen oder auf biochemische Leistungen abzielen, das Vorhandensein von lebenden Bakterien, während eine tot/lebend-Unterscheidung in der Direkt-PCR ohne Kultivierung nicht möglich ist (Rohde 2023).

Das **MALDI-TOF MS** ist ein neueres Verfahren, dass sich jedoch in Routine bereits bewährt hat und immer weiter im diagnostischen, medizinischen und pharmazeutischen Sektor „Fuß fasst". Die **Kosten** für Anschaffung, Reagenzien und Wartung sind ähnlich wie bei der **PCR** im Vergleich zu klassischen mikrobiologischen Methoden vergleichbar hoch, allerdings ist das Risiko für **Kreuzkontamination** deutlich niedriger, da anders als bei der PCR, während der Analyse keine Vermehrung stattfindet. Aus diesem Grund kann das MALDI-TOF MS in einem herkömmlichen Mikrobiologie-Labor platziert werden, ohne dass eine aufwendige Umorganisation des Raumkonzepts mit Zonentrennung notwendig ist. Das System erlaubt ebenfalls die gleichzeitige Analyse von vielen Proben im 96-Proben-Format. Zudem ist MALDI-TOF MS flexibler als die PCR, da die Datenbank durch hausinterne oder neue Isolate ergänzt werden kann, um sukzessive den Nachweis von bestimmten Bakterienarten zu verbessern. Bei der PCR, die auf nur eine Bakterienart fokussiert oder als **Multiplex-PCRs** verschiedene Bakterienarten gleichzeitig nachweisen kann, ist es definitiv aufwendiger, die Analyse zu verändern, um neue Isolate nachweisen zu können, da die bestehende Methode auf Interferenz bzw. unspezifischen Bindungen überprüft werden muss.

Während **API** und **MALDI-TOF MS** beide auf der Verwendung einer isolierten bzw. isogenen Kultur notwendig machen, ist dies für die **PCR** oder **LAMP** nicht notwendig, obwohl auch hier die Isolierung von Kulturmaterial für spätere Analysen von Vorteil ist. Nukleinsäuresequenzen, die spezifisch für ein bestimmtes Bakterium sind, lassen sich auch in Gegenwart vieler weiterer Keime oder Nukleinsäuren zuverlässig nachweisen. Allerdings müssen gerade bei der PCR bestimmte Inhibitoren in der **Probenmatrix** berücksichtigt werden, die die Reaktion stören und falsch negative Ergebnisse verursachen könnten. Das sollte bei der Entwicklung der Methode berücksichtigt werden und bei der **Validierung** überprüft werden. Des Weiteren kann bei der direkten PCR ohne Anzucht nicht zwischen toten und lebenden Bakterien unterschieden werden, was je nach Fragestellung berücksichtigt werden muss.

Bei einigen Bakterienarten stoßen alle vorgestellten Methoden (API, PCR, MALDI-TOF MS) auf Grenzen, z. B. bei Salmonellen, auch wenn die Art und teilweise auch die Unterart bzw. einzelne **Serovare** differenziert werden können. Die Diversität machen eine **Serotypisierung** mit verschiedenen Antiseren notwendig, die aber auch recht einfach in der Durchführung sind.

Jede dieser Methoden hat bei der Durchführung ihre speziellen „Tücken". Jeder der schon mal einen **API** befüllt hat, weiß, dass dies manuelles Geschick erfordert, um Luftblasen zu vermeiden und den Füllstand so wie gefordert hinzubekommen. Auf der anderen Seite ist die Methode danach sehr stabil und standardisiert. Fehler trotz richtiger Anwendung und korrekter Keimdichte sind eher selten. Allerdings verhalten sich nicht unbedingt alle Isolate gleich und es können sich bei einzelnen schwach ausgeprägten oder fehlenden

Stoffwechselleistungen Schwierigkeiten bei der Interpretation der Ergebnisse ergeben.

Die **PCR** erfordert ebenfalls, sogar noch stärker, manuelles Geschick, da bei mangelnder Übung die dadurch erhöhte Zeit für die Abarbeitung auch einen negativen Einfluss auf die Ergebnisse haben kann. Das **Hauptrisiko** bei der PCR besteht allerdings in der Kontamination der Reaktionen mit Nukleinsäuren aus anderen isolierten Proben bzw. PCR-Produkten aus vorherigen Läufen. DNA ist eine unsichtbare Gefahr. Sie verteilt sich schnell im ganzen Raum auf Oberflächen. Aus diesem Grund sind hier spezielle regelmäßige **Reinigungsprozeduren** (DNA-off oder UV-Bestrahlung) wichtig. Häufig werden Kontakt- oder Schmierkontaminationen von Ausrüstung oder Oberflächen durch z. B. Handschuhe durch die initiale **DNA** in den zu analysierenden Proben genannt. Das kann ein Grund sein, die wichtigste Kontamination- und Verteilerquelle für DNA ist aber das Arbeiten mit der **Pipette.** Jedes Mal, wenn aus der DNA-Probe oder das amplifizierte PCR-Produkt aus dem PCR-tube entnommen wird, um es z. B. mit Laufpuffer für die Gelelektrophorese zu vermischen oder bei jedem Pipettieren zum Befüllen der Taschen eines Agarosegels, wird die **Pipettenspitze** im Anschluss in einen Abfallbehälter abgeworfen. Dabei werden aber auch Flüssigkeitsreste im Inneren der Pipettenspitze herausgeschleudert und dabei vernebelt, also als kleinste teilweise nicht sichtbare Partikel herausgeschleudert. Diese Partikel werden mit der Luft verteilt und sedimentieren dann auf Oberflächen in der Nähe. Gegen einen Teil dieser Risiken (DNA aus vorherigen Reaktionen) gibt es zwar auch technische Präventionsmaßnahmen (Durchführung der PCR mit speziellen Oligonukleotide, sodass alte PCR-Produkte bei Start der nächsten PCR durch Enzyme entfernt werden), trotzdem ist die Vermeidung von Kontaminationen herausfordernder als bei klassischen biochemischen Methoden.

Die **Real-time PCR** bietet hier den Vorteil, dass Ergebnisse erzielt werden ohne die PCR-tubes zu öffnen. Die Methode ist zudem schneller, aber auch teurer als die Standard-PCR.

Beim **MALDI-TOF MS** gibt es auch Einflussfaktoren, die die **Zuverlässigkeit** der Analyse beeinflussen. Z. B. ist der Auftrag der Probe auf dem Target ein manueller Schritt. Die Entnahme eines Teils der Bakterien-Kolonie ist nicht exakt standardisiert und kann je nach manuellem Geschick dazu führen, dass zu viel Koloniematerial auf das Target aufgebracht wird. Das ist makroskopisch mit dem Auge kaum erkennbar. Aus diesem Grund empfiehlt es sich, das MALDI-TOF MS gleich mit einer **CCD-Kamera** zu verwenden. Das bietet die Möglichkeit, vor Start der Analyse die Proben auf dem Target visuell überprüfen zu können. Sofern zu viel Material aufgetragen wurde, entsteht das Bild von inhomogenen bzw. Hügellandschaften der Kristallmatrix.

Daneben kann es auch notwendig sein, in regelmäßigen Abständen bestimmte Messparameter wie z. B. die Spannung und die Laserintensität zu justieren, um die **Validitätskriterien** des Messvorgangs zu erfüllen.

Zusammenfassend kann man festhalten, dass verschiedene geeignete Technologien für die **Identifizierung von Bakterien** existieren. Letztlich gibt es keine Technik, die den anderen Techniken in allen Belangen (Kosten, Zeit, Adaption, Zuverlässigkeit) überlegen wäre. Die Nutzung der Technologien ist von der Expertise und Ausstattung der Labore, aber auch von Kostenfaktoren und dem jeweiligen Anwendungsgebiet bzw. der Fragestellung abhängig. Gute Diagnostik-Labore verwenden deshalb eine Kombination aus mehreren Methoden, um das ganze Spektrum der Anforderungen abzudecken.

Was Sie aus diesem *essential* mitnehmen können

- Unspezifische Nährmedien dienen zur Vermehrung/Vereinzelung, während spezifische Nährmedien das Wachstum anderer Bakterien hemmen und erste Anhaltspunkte auf die Identität geben
- Weitere klassische Methoden nutzen bestimmte morphologische und biochemische Unterschiede, um Bakterien zu identifizieren
- Molekularbiologische Methoden identifizieren Bakterien über spezifische Gensequenzen bzw. über den Vergleich zu bekannten Gensequenzen aus Datenbanken
- Methoden wie MALDI-TOF MS identifizieren Bakterien über das Flugzeitmuster bestimmter Proteinfragmente und den Vergleich mit einer eigenen Datenbank
- Alle Methoden haben gewisse Vor- und Nachteile und werden idealerweise ergänzend eingesetzt

Literatur

Baranowski C, Rego EH, Rubin EJ (2019) The dream of a Mycobacterium. Microbiol Spectr 7. https://doi.org/10.1128/microbiolspec.GPP3-0008-2018

bioMerieux (2023) API & ID 32 identification databases. https://www.biomerieux.de/sites/subsidiary_de/files/9308960-002-gb-b_apiweb_booklet.pdf. Zugegriffen am 25. Okt. 2023

Boiko I, Krynytska I (2021) Comparative performance of commercial Amies transport media with and without charcoal for Neisseria gonorrhoeae culture for gonococcal isolation and antimicrobial resistance monitoring in Ukraine. Germs 11:246–254. https://doi.org/10.18683/germs.2021.1261

CDC (2022) Scientific nomenclature. https://wwwnc.cdc.gov/eid/page/scientific-nomenclature. Zugegriffen: 6. Nov. 2023

Chen Y, Li H, Yang L (2021) Rapid detection of clostridium botulinum in food using loop-mediated isothermal amplification (LAMP). Int J Environ Res Public Health 18:4401. https://doi.org/10.3390/ijerph18094401

Choi Y, Kim D, Choe KW et al (2022) Performance evaluation of Bruker Biotyper, ASTA MicroIDSys, and VITEK-MS and three extraction methods for filamentous fungal identification in clinical laboratories. J Clin Microbiol 60:e0081222. https://doi.org/10.1128/jcm.00812-22

Cooper GM (2000) The eukaryotic cell cycle. In: The cell: a molecular approach. 2nd edition. Sinauer Associates, Sunderland (MA). https://www.ncbi.nlm.nih.gov/books/NBK9876/

Dekker JP, Frank KM (2015) Salmonella, Shigella, and Yersinia. Clin Lab Med 35:225–246. https://doi.org/10.1016/j.cll.2015.02.002

Duan R, Wang P (2022) Rapid and simple approaches for diagnosis of Staphylococcus aureus in bloodstream infections. Pol J Microbiol 71:481–489. https://doi.org/10.33073/pjm-2022-050

Dürre P (2014) Physiology and sporulation in Clostridium. Microbiol Spectr 2:TBS-0010-2012. https://doi.org/10.1128/microbiolspec.TBS-0010-2012

Eiken Chemicals (2023) Molecular test "LAMP". https://www.eiken.co.jp/en/products/lamp/. Zugegriffen: 15. Dez. 2023

Eme L, Doolittle WF (2015) Archaea. Curr Biol 25:R851–R855. https://doi.org/10.1016/j.cub.2015.05.025

Froböse NJ, Idelevich EA, Schaumburg F (2021) Short incubation of positive blood cultures on solid media for species identification by MALDI-TOF MS: which agar is the fastest? Microbiol Spectr 9:e0003821. https://doi.org/10.1128/Spectrum.00038-21

Fung DYC (2009) Viable cell counts. Bioscience international. https://biosci-intl.com/news/viable_cell_counts.htm#:~:text=Simply%20stated%2C%20on%20or%20in,109%20or%20log%209%20cells. Zugegriffen: 3. Dez. 2023

Garcillán-Barcia MP, Redondo-Salvo S, de la Cruz F (2023) Plasmid classifications. Plasmid 126:102684. https://doi.org/10.1016/j.plasmid.2023.102684

Gentilotti E, De Nardo P, Cremonini E (2022) Diagnostic accuracy of point-of-care tests in acute community-acquired lower respiratory tract infections. A systematic review and meta-analysis. Clin Microbiol Infect 28:13–22. https://doi.org/10.1016/j.cmi.2021.09.025

Jung B, Hoilat GJ (2022) MacConkey medium. In: StatPearls [Internet]. Treasure Island (FL): StatPearls Publishing. https://www.ncbi.nlm.nih.gov/books/NBK557394/. Zugegriffen: 7. Dez. 2023

LADR (2023) Lebensmittelanalytik im LADR Laborverbund https://www.ladr.de/fachgebiete/bioanalytik/lebensmittelanalytik. Zugegriffen: 24. Nov. 2023

Lévesque S, Dufresne PJ, Soualhine H et al. (2015) A side by side comparison of Bruker Biotyper and VITEK MS: utility of MALDI-TOF MS technology for microorganism identification in a public health reference laboratory. PLoS One 10:e0144878. https://doi.org/10.1371/journal.pone.0144878

Long LJ, Lin M, Chen YR (2022) Evaluation of the loop-mediated isothermal amplification assay for Staphylococcus aureus detection: a systematic review and meta-analysis. Ann Clin Microbiol Antimicrob 21:27. https://doi.org/10.1186/s12941-022-00522-6

Issenhuth-Jeanjean S, Roggentin P, Mikoleit M, (2014) Supplement 2008–2010 (no. 48) to the White-Kauffmann-Le Minor scheme. Res Microbiol 165:526–530. https://doi.org/10.1016/j.resmic.2014.07.004

Mackay IM (2004) Real-time PCR in the microbiology laboratory. Clin Microbiol Infect 10:190–212. https://doi.org/10.1111/j.1198-743x.2004.00722.x

Mashimo K, Nagata Y, Kawata M (2004) Role of the RuvAB protein in avoiding spontaneous formation of deletion mutations in the Escherichia coli K-12 endogenous tonB gene. Biochem Biophys Res Commun 323:197–203. https://doi.org/10.1016/j.bbrc.2004.08.078

Meder H, Baumstummler A (2012) Fluorescence-based rapid detection of microbiological contaminants in water samples. Scientific World Journal 2012:234858. https://doi.org/10.1100/2012/234858

Notomi T, Okayama H, Masubuchi H (2000) Loop-mediated isothermal amplification of DNA. Nucleic Acids Res 28:E63. https://doi.org/10.1093/nar/28.12.e63

O'Hara CM, Rhoden DL, Miller JM (1992) Reevaluation of the API 20E identification system versus conventional biochemicals for identification of members of the family Enterobacteriaceae: a new look at an old product. J Clin Microbiol 30:123–125. https://doi.org/10.1128/jcm.30.1.123-125.1992

Pardo S, Perera TB (2023) Scarlet Fever. In: StatPearls [Internet]. Treasure Island (FL): StatPearls Publishing; 2023 Jan–. Zugegriffen: 11. Dez. 2023

Pflanzenforschung.de (2018) 80% der irdischen Biomasse besteht aus Pflanzen. https://www. pflanzenforschung.de/de/pflanzenwissen/journal/80-prozent-der-irdischen-biomasse-bes teht-aus-pflanzen-10936#:~:text=Die%20Pflanzen%20dominieren&text=Die%20gesa mte%20Biomasse%20auf%20der,etwa%2070%20Gt%20C%20(ca. Zugegriffen: 12. Nov. 2023

Rawson AM, Dempster AW, Humphreys CM et al (2023) Pathogenicity and virulence of Clostridium botulinum. Virulence 14:2205251. https://doi.org/10.1080/21505594. 2023.2205251

Remel (2009) Amies transport medium w/ and w/o charcoal. https://assets.thermofisher.com/ TFS-Assets/LSG/manuals/IFU60060.pdf. Zugegriffen: 21. Nov. 2023

RKI (2011) EHEC-Erkrankung. https://www.rki.de/DE/Content/Infekt/EpidBull/Merkblaet ter/Ratgeber_EHEC.html. Zugegriffen: 27. Nov. 023

RKI (2016) Staphylokokken-Erkrankungen, insbesondere Infektionen durch MRSA. https:// www.rki.de/DE/Content/Infekt/EpidBull/Merkblaetter/Ratgeber_Staphylokokken_ MRSA.html

RKI (2018) Clostridioides (früher Clostridium) difficile. https://www.rki.de/DE/Content/Inf ekt/EpidBull/Merkblaetter/Ratgeber_Clostridium.html. Zugegriffen: 12. Dez. 2023

Rohde J (2023) Nachweis bakterieller Infektionserreger: Kultur oder PCR? https://www. tiho-hannover.de/fileadmin/18_Mikrobiologie/Dokumente/Info_Kultur_PCR.pdf. Zuge-griffen: 5. Dez. 2023

Schaub GA, Vogel PUB (2023) Plague disease: from Asia to Europe and back along the silk road. In: Mehlhorn H, Wu X, Wu Z (Hrsg) Infectious diseases along the silk roads – the spread of parasitoses and culture past and today. Springer Cham. https://doi.org/10.1007/ 978-3-031-35275-1

Schubert S, Wieser A (2010) Molekulare Speziesdifferenzierung MALDI-TOF-MS in der mikrobiologischen Diagnostik. In: BIOspektrum 07.10. https://www.spektrum.de/six cms/media.php/1093/760_762_Schubert.pdf. Zugegriffen: 4. Okt. 2023

Setlow P, Christie G (2021) What's new and notable in bacterial spore killing! World J Microbiol Biotechnol 37:144. https://doi.org/10.1007/s11274-021-03108-0

Soroka M, Wasowicz B, Rymaszewska A. Loop-mediated isothermal amplification (LAMP): the better sibling of PCR? Cells 10:1931. https://doi.org/10.3390/cells10081931

Stürenburg E, Junker R (2009) Point-of-care testing in microbiology: the advantages and dis-advantages of immunochromatographic test strips. Dtsch Arztebl Int 106:48–54. https:// doi.org/10.3238/arztebl.2009.0048

Thelen P, Graeber S, Schmidt E (2023) A side-by-side comparison of the new VITEK MS PRIME and the MALDI Biotyper sirius in the clinical microbiology laboratory. Eur J Clin Microbiol Infect Dis 42:1355–1363. https://doi.org/10.1007/s10096-023-04666-x

Toptan H, Agel E, Sagcan H (2022) Rapid molecular diagnosis of group a streptococcus with a novel loop mediated Isothermal amplification method. Clin Lab 68. https://doi.org/10. 7754/Clin.Lab.2021.210925. PMID: 35975490

Viljoen A, Foster SJ, Fantner GE et al. (2020) Scratching the surface: bacterial cell envelopes at the nanoscale. mBio 11:e03020–19. https://doi.org/10.1128/mBio.03020-19

Vogel PUB (2020) Validierung bioanalytischer Methoden. Wiesbaden, Springer Spektrum. https://doi.org/10.1007/978-3-658-31952-6

Vogel PUB, Schaub GA (2021a) Seuchen, alte und neue Gefahren – von der Pest bis COVID-19. Wiesbaden, Springer Spektrum. https://doi.org/10.1007/978-3-658-32953-2

Vogel PUB, Schaub GA (2021b) Neue Infektionskrankheiten in Deutschland und Europa. Springer Spektrum, Wiesbaden. https://doi.org/10.1007/978-3-658-34148-0

Wong YP, Othman S, Lau YL (2018) Loop-Mediated Isothermal Amplification (LAMP): a versatile technique for detection of micro-organisms. J Appl Microbiol 124:626–643. https://doi.org/10.1111/jam.13647

Printed in the United States
by Baker & Taylor Publisher Services